Photoshop + Firefly

AI绘画与修图实战从入门到精通

木白 著

内 容 提 要

本书内容共13章5个部分，第一部分主要讲解新版Photoshop绘画基础及常用操作，如何创建选区精准选择需要的图像部分，AI绘画智能填充与合成图像的操作；第二部分主要介绍风景照片、人物照片、产品照片和动物照片的快捷修饰方法，AI人工智能调整图像色彩，AI人像创意效果设计，运用Camera Raw的AI功能等内容；第三部分主要介绍使用Firefly关键词生成图像，生成填充功能应用，调出吸人眼球的文本特效等内容；第四部分介绍利用多种样式制作画面的艺术效果，为SVG矢量图像快速着色等操作方法；第五部分为综合案例部分，介绍用Firefly生成房产广告图、在图片中生成房产装饰对象、去除房产图片中的水印、对房产图片进行扩展填充、对房产图片进行调色与修复、制作房产广告的文字效果等内容。

本书图片精美丰富，讲解深入浅出，实战性强，适合以下人群阅读：一是对Photoshop软件的AI功能和Firefly软件感兴趣的读者；二是淘宝、京东、拼多多、抖音、快手、小红书等平台的店铺美工人员、电商相关从业者；三是商业设计师、自媒体带货达人、插画师、漫画家、艺术工作者；四是培训机构和职业院校相关专业等人群。

图书在版编目(CIP)数据

AI绘画与修图实战：Photoshop+Firefly从入门到精通 / 木白编著. — 北京：北京大学出版社，2024.2

ISBN 978-7-301-34792-8

Ⅰ. ①A… Ⅱ. ①木… Ⅲ. ①图像处理软件 Ⅳ. ①TP391.413

中国国家版本馆CIP数据核字（2024）第011098号

书　　名　AI绘画与修图实战：Photoshop+Firefly从入门到精通
AI HUIHUA YU XIUTU SHIZHAN：PHOTOSHOP+FIREFLY CONG RUMEN DAO JINGTONG
著作责任者　木　白　编著
责 任 编 辑　王继伟　吴秀川
标 准 书 号　ISBN 978-7-301-34792-8
出 版 发 行　北京大学出版社
地　　址　北京市海淀区成府路205号　100871
网　　址　http://www.pup.cn　　新浪微博：@ 北京大学出版社
电 子 邮 箱　编辑部 pup7@pup.cn　总编室 zpup@pup.cn
电　　话　邮购部 010-62752015　发行部 010-62750672　编辑部 010-62570390
印 刷 者　北京宏伟双华印刷有限公司
经 销 者　新华书店
787毫米×1092毫米　16开本　15印张　399千字
2024年2月第1版　2024年2月第1次印刷
印　　数　1-4000册
定　　价　89.00元

PREFACE

前言

党的二十大报告特别指出“实施科教兴国战略，强化现代化建设人才支撑”，彰显出我国“不断塑造发展新动能新优势”的决心和气魄。同时，我国正在构建人工智能等一批新的增长引擎，加快发展数字经济，促进数字经济和实体经济的深度融合，以中国式现代化全面推进中华民族伟大复兴。

如今，AI绘画作为人工智能技术的一个重要应用领域，为我们带来了全新的艺术体验和创作方式，推动了艺术创作的发展。本书以新版Photoshop+Firefly为核心进行AI绘画与修图介绍，带领大家探索人工智能如何革新绘画艺术与影响艺术创作和文化传承，深入学习AI绘画与修图的前沿技术和应用技巧。

本书是一本聚焦于Photoshop+Firefly应用于AI绘画与修图领域的实操性教程。

Photoshop的用户群体非常庞大，有专业设计师、艺术家、摄影师、后期处理修图师、插画家、媒体工作者、设计专业的学生和爱好者等，他们都是Photoshop的忠实用户，对于Photoshop的AI绘画与修图功能也非常期待，想去学习、去探索、去应用，因此本书上半部分讲解如何使用Photoshop，即PS的AI功能进行绘画与修图。

Firefly是一个基于生成式AI技术的图像创作工具，用户可以通过输入文字提示词快速生成风格多样的图片效果，而且它还提供丰富的样式和选项，让用户轻松探索不同的可能性。无论是绘画艺术家，还是对这些领域感兴趣的普通读者，都能体会到AI技术所带来的无限可能。因此，本书下半部分讲解如何使用Firefly进行绘画与修图。

在本书中，读者将了解Photoshop+Firefly的各种核心功能，如精准绘制选区、使用AI智能填充与合成图像、使用AI修饰各种图像、使用AI调整图像色彩、使用AI调出极具创意的效果，以及使用Camera Raw的AI功能等；还能掌握Firefly的各种绘画与修图技术，如根据关键词快速生成图像、移除对象并重新生成图像、调出吸人眼球的文本效果、制作绘图画面的艺术效果、为SVG矢量图像一键上色等，让读者轻松绘制出精美的AI作品。

本书具有以下**3**个特色。

（1）超全面的AI功能讲解：**130**多个AI实操案例，助你快速掌握高效技能。

（2）超详细的视频学习教程：**180**多分钟视频教学，让你随时随地进行学习。

（3）超丰富的学习资源赠送：**5200**多个AI绘画关键词，助你快速绘图。

本书为读者提供全方位的学习体验，可以帮助读者更好地理解AI绘画与修图的应用场景和技术原理。同时，本书还提供大量实用案例和技巧，帮助读者快速上手，打造出更具创意性和商业价值的AI绘画作品。

本书的特别提示如下。

（1）版本更新：书中Photoshop为Beta（25.0）版、Firefly为Beta版。本书在编写时，是基于当前各种AI工具和软件的界面截取的实际操作图片，但本书从编辑到出版需要一段时间，这些工具的功能和界面可能会有变动，请在阅读时，根据书中的思路举一反三地进行学习。

（2）关键词的使用：Photoshop（Beta）和Firefly均支持中文和英文关键词，同时对于英文单词的格式没有太多要求，如首字母大小写不用统一、单词顺序不用太讲究等。但需要注意的是，每个关键词中间最好添加空格或逗号。最后再提醒一点，即使是相同的关键词，AI工具每次生成的图像内容也会有差别。因此，在扫码观看视频教程时，读者应把更多的精力放在Firefly关键词的编写和实操步骤上。

读者可以用微信扫一扫下方二维码，关注“博雅读书社”微信公众号，输入本书77页的资源下载码，根据提示获取随书附赠的超值资料包的下载地址及密码。

本书由木白编著，参与编写的人员还有胡杨、苏高等人，在此表示感谢。由于作者知识水平有限，书中难免有疏漏之处，恳请广大读者批评、指正，沟通和交流请联系微信：2633228153。

编者

CONTENTS

目录

PS+AI绘画篇

第1章　掌握基础：PS绘画的常用操作　001

1.1　感受PS绘画的工作界面　001

1.1.1　菜单栏　002

1.1.2　工具属性栏　003

1.1.3　工具箱　003

1.1.4　状态栏　003

1.1.5　图像编辑窗口　004

1.1.6　浮动面板　004

1.1.7　浮动工具栏　004

1.2　掌握文件的基本操作　005

1.2.1　新建图像文件　005

1.2.2　打开图像文件　006

1.2.3　保存与关闭图像文件　007

1.3　调整图像尺寸和画布大小　008

1.3.1　调整图像尺寸　008

1.3.2　调整画布大小　009

1.4　裁剪和变换图像画面　010

1.4.1　裁剪图像画面　010

1.4.2　旋转图像画面　011

1.4.3　水平翻转图像画面　011

1.4.4　垂直翻转图像画面　012

本章小结　013

课后习题　013

第2章　创建选区：精准选择需要的图像部分　014

2.1　一键精准选出主体与天空　014

2.1.1　在绘画区域一键选主体　014

2.1.2　在绘画区域一键选天空　015

2.2　在绘画区域创建几何选区　015

2.2.1　在绘画区域创建矩形选区　015

2.2.2　在绘画区域创建椭圆选区　017

2.2.3　在绘画区域创建圆角矩形选区　018

2.2.4　在绘画区域创建多边形选区　019

2.3　在绘画区域创建不规则选区　021

2.3.1　在绘画区域选择不规则的船　021

2.3.2　在绘画区域选择宣传折页　022

2.3.3　在绘画区域选择一只小动物　022

2.4　在绘画区域为对象创建选区　023

2.4.1　在绘画区域创建人物选区　024

2.4.2　在绘画区域创建商品选区　025

2.4.3　在绘画区域创建女包选区　026

2.5　在绘画区域创建复杂的选区　026

2.5.1　在绘画区域选取相应范围内的色彩　027

2.5.2　在绘画区域选取相似的色彩　028

2.6　编辑与管理绘画中的选区　029

2.6.1　在绘画区域移动选区　029

2.6.2　在绘画区域存储选区　030

2.6.3　在绘画区域取消选区　031

2.6.4　在绘画区域变换选区　031

2.6.5　在绘画区域扩展选区　032

本章小结　033

课后习题　034

第3章　AI绘画：智能填充与合成图像　035

3.1　扩展图像区域并完善画面　035

3.1.1　扩展建筑夜景的图像区域　035

3.1.2　扩展人物主角的两侧区域　036

3.1.3 扩展风景照片的四周区域 038
3.2 创成式填充的基本操作方法 040
3.2.1 不给提示自动填充图像 040
3.2.2 根据提示自动填充图像 041
3.3 掌握PS+AI绘画的典型实例 042
3.3.1 生成一张雪山的风光照片 043
3.3.2 在天空中添加飞鸟元素 044
3.3.3 在画面中生成可爱的动物 045
3.3.4 绘出科幻片中的电影角色 046
3.3.5 在公路上绘出一辆汽车 047
3.3.6 为夜空照片添加极光效果 049
3.3.7 为星空照片添加一棵前景树 050
3.3.8 为风光照片添加前景花丛 051
本章小结 052
课后习题 052

PS＋AI修图篇

第4章 高效修饰：创建出完美的图像效果 053
4.1 修饰风景照片 053
4.1.1 给照片创建蓝天白云效果 053
4.1.2 去除风景照片中多余的路人 055
4.1.3 去除风光照片中杂乱的前景 056
4.1.4 去除画面中多余的汽车 057
4.1.5 去除公路上的白色道路线 058
4.1.6 去除天空中多余的电线 059
4.1.7 去除照片上的水印文字 060
4.1.8 给风景照片添加水面倒影 061
4.2 修饰人物照片 062
4.2.1 快速给人物换衣服 062
4.2.2 快速给人物换发型 062
4.2.3 快速移除人物的背景 063
4.2.4 处理婚纱照片的背景 064
4.3 修饰产品照片 066
4.3.1 去除产品上多余的瑕疵 066
4.3.2 创建多个不同角度的产品 067
4.3.3 给产品更换一个背景效果 067
4.4 修饰动物照片 069
4.4.1 给动物照片更换一个背景效果 070
4.4.2 去除动物照片上的多余元素 071
本章小结 072
课后习题 072

第5章 轻松调色：图像的色彩调整与处理 073
5.1 自动校正图像的色彩 073
5.1.1 自动调整图像色调 073
5.1.2 自动调整图像颜色 074
5.1.3 自动调整图像对比度 075
5.2 图像的影调与色调处理 076
5.2.1 调整画面整体曝光 076
5.2.2 调整图像的色相与饱和度 077
5.2.3 校正图像颜色平衡 078
5.2.4 替换图像中的色彩 079
5.2.5 用渐变工具调出柔光效果 080
5.3 通过AI人工智能调整图像色彩 082
5.3.1 调出人像照片的暖色调 082
5.3.2 调出人像照片的黑白色调 084
5.3.3 凸显风光照片的明亮色彩 085
5.3.4 褪色照片调出复古氛围 085
5.3.5 快速让照片整体变亮 086
5.3.6 调出照片忧郁蓝的效果 087
5.3.7 调出正片负冲的照片色彩 089
本章小结 090
课后习题 090

第6章 巧用滤镜：用AI调出极具创意的效果 091
6.1 AI人像处理功能 091
6.1.1 对人物照片进行一键磨皮 091
6.1.2 处理人物的肖像与表情 093
6.1.3 妆容迁移一键换妆 096
6.2 AI创意后期功能 097
6.2.1 创建富有表现力的风景 097
6.2.2 应用特定艺术风格的图像 100
6.3 AI颜色调整功能 102
6.3.1 完美复合两个图像的颜色 102
6.3.2 将图像上的色彩进行转移 103
6.3.3 对黑白图像进行自动上色 106
6.4 AI摄影扩展功能 108
6.4.1 超级缩放图像画面 108
6.4.2 深度模糊图像画面 110
6.5 AI图像恢复功能 113

6.5.1 移除JPEG伪影 113
6.5.2 快速恢复旧照片 113
本章小结 114
课后习题 114

第7章 高级AI：详解Camera Raw的AI功能 115
7.1 一键智能调整图像色彩 115
7.1.1 使用自动调色功能 115
7.1.2 使用黑白滤镜一键调色 117
7.1.3 使用人像滤镜一键调色 118
7.1.4 使用创意滤镜一键调色 121
7.2 使用AI蒙版调整人像照片 123
7.2.1 快速调整人物的皮肤 123
7.2.2 快速调整人物的眉毛 125
7.2.3 快速调整人物的嘴唇颜色 127
7.2.4 快速调整人物的牙齿 129
7.3 使用AI蒙版调整风光照片 131
7.3.1 调整风光照片的天空 131
7.3.2 调整风光照片的背景 134
本章小结 137
课后习题 137

Firefly＋AI绘画篇

第8章 萤火虫绘图：根据关键词快速生成图像 138
8.1 使用关键词描述生成图像 138
8.2 调整图像的宽高比 140
8.2.1 调出图像的正方形比例（1：1） 140
8.2.2 调出图像的横向比例（4：3） 142
8.2.3 调出图像的纵向比例（3：4） 143
8.2.4 调出图像的宽屏比例（16：9） 145
8.3 设置图像的“内容类型” 146
8.3.1 设置图像的照片模式 146
8.3.2 设置图像的图形模式 148
8.3.3 设置图像的艺术模式 149
8.4 运用关键词进行绘画的案例 150
8.4.1 制作可爱的卡通头像 151
8.4.2 制作优美的风光图像 152
8.4.3 制作科幻的电影角色 153
8.4.4 制作动画片卡通场景 155
8.4.5 制作插画风格的图像 157
本章小结 159
课后习题 159

第9章 生成填充：移除对象并重新生成新图像 160
9.1 添加与删除绘画区域 160
9.1.1 添加绘画区域修饰图片 160
9.1.2 减去绘画区域调整照片 162
9.2 设置画笔的大小与硬度 164
9.2.1 设置画笔大小 164
9.2.2 设置画笔硬度 165
9.2.3 设置画笔不透明度 167
9.2.4 一键删除画面背景 168
9.3 移除对象并生成填充的效果 169
9.3.1 快速移除画面中的路人 169
9.3.2 给照片中的人物换件衣服 170
9.3.3 将天空换成蓝天白云的效果 171
9.3.4 在山顶上添加一个湖泊景点 172
9.3.5 在优美的风景中添加一群飞鸟 173
9.3.6 给照片中的人物换一个发型 174
9.3.7 将照片中的春景变为秋景 175
本章小结 175
课后习题 176

第10章 文字特效：调出吸人眼球的文本效果 177
10.1 调整文本的属性 177
10.1.1 设置文本的匹配形状 177
10.1.2 设置文本的字体样式 178
10.1.3 设置文本的背景色 179
10.2 应用文本示例效果 180
10.2.1 应用“花卉”样式的文字效果 180
10.2.2 应用“岩浆”样式的文字效果 181
10.2.3 应用“面包吐司”样式的文字效果 181
10.2.4 应用“甜甜圈”样式的文字效果 182
10.3 制作不同风格的文字效果 183
10.3.1 制作金属样式的文字效果 183
10.3.2 制作美食样式的文字效果 183
10.3.3 制作毛皮样式的文字效果 184
10.3.4 制作披萨样式的文字效果 185
10.3.5 制作亮片样式的文字效果 185

10.3.6 制作羽毛样式的文字效果 186
本章小结 186
课后习题 187

Firefly＋AI修图篇

第11章 多彩样式：制作绘图画面的艺术效果 188
11.1 应用“动作”样式处理图片 188
11.1.1 应用“蒸汽朋克”特效处理图片 188
11.1.2 应用“蒸汽波”特效处理图片 189
11.1.3 应用“科幻”特效处理图片 190
11.2 应用“主题”样式处理图片 191
11.2.1 应用“概念艺术”样式处理图片 191
11.2.2 应用“像素艺术”样式处理图片 192
11.3 应用“效果”样式处理图片 193
11.3.1 应用“散景效果”处理图片 193
11.3.2 应用“黑暗”效果处理图片 194
11.4 调整照片的颜色和色调 195
11.4.1 应用“黑白”色调处理城市建筑 195
11.4.2 应用“暖色调”处理山顶日落 196
11.5 在照片上添加光照效果 197
11.5.1 应用“低光照”灯光处理室内装饰 197
11.5.2 应用“黄金时段”处理郁金香花海 198
11.6 制作图像的艺术效果 199
11.6.1 制作卡通二次元图像 199
11.6.2 制作拟人化的动物图片 200
11.6.3 制作企业产品广告图片 201
11.6.4 制作科幻片的电影场景图片 202
11.6.5 制作真实的微距摄影照片 203
本章小结 204
课后习题 205

第12章 重新着色：为SVG矢量图像一键上色 206
12.1 使用示例提示进行矢量着色 206
12.1.1 使用“三文鱼寿司”样式着色图形 206
12.1.2 使用“沙滩石滩”样式着色图形 208
12.1.3 使用“深蓝色午夜”样式着色图形 209
12.1.4 使用鲜艳的颜色着色图形 209
12.1.5 使用“黄色潜水艇”着色图形 210
12.1.6 使用“薰衣草风浪”着色图形 211
12.1.7 使用“夏日海边”着色图形 212
12.2 设置“和谐”的矢量图形色彩 213
12.2.1 使用“互补色”样式处理图形 213
12.2.2 使用“类似色”样式处理图形 214
12.2.3 使用“三色调和”样式处理图形 214
12.3 为矢量图形指定固定色彩 215
12.3.1 使用颜色色块处理图形 215
12.3.2 使用多个颜色处理图形 216
12.4 图形着色的典型案例 217
12.4.1 为风景图形重新着色 217
12.4.2 为商品图形重新着色 218
12.4.3 为人物图形重新着色 219
12.4.4 为企业标识重新着色 220
本章小结 221
课后习题 222

综合案例篇

第13章 实战案例：PS+Firefly绘画与修图 223
13.1 使用Firefly生成多种房产广告图像 223
13.1.1 用Firefly生成房产广告图 223
13.1.2 在图片中生成房产广告装饰对象 224
13.1.3 生成房产广告的文字效果 226
13.2 使用PS进行房产广告修图实战 226
13.2.1 去除房产广告图片中的水印 227
13:2.2 对房产图片进行扩展填充 227
13.2.3 对房产广告图片进行调色与修复 229
13.2.4 制作房产广告的文字效果 231
本章小结 232

PS+AI 绘画篇

第1章 掌握基础：PS绘画的常用操作

Adobe Photoshop（Beta）版是Adobe公司2023年推出的Photoshop（简称PS）的最新版本，它是目前世界上最优秀的平面设计软件之一，绘画与修图是它的主要功能。在进行绘画与修图之前，我们先来了解Photoshop的工作界面与基本操作，为后面的绘画与修图操作奠定良好的基础。

1.1 / 感受PS绘画的工作界面

Photoshop（Beta）版的工作界面如图1-1所示，从图中可以看出，工作界面主要由菜单栏、工具属性栏、工具箱、状态栏、图像编辑窗口、浮动面板和浮动工具栏等7个部分组成。下面简单地对Photoshop（Beta）版工作界面的各组成部分进行介绍（本书后面统一写作Photoshop）。

图1-1 Photoshop（Beta）版的工作界面

① 菜单栏：包含可以执行的各种命令，单击菜单名称，即可打开相应的菜单。

② 工具属性栏：用来设置工具的各种选项，它会随着所选工具的不同而变换内容。

③ 工具箱：包含用于执行各种操作的工具，如移动工具、套索工具、选框工具等。

④ 状态栏：用来显示打开文档的大小、尺寸和窗口缩放比例等信息。

⑤ 图像编辑窗口：用来显示图像的窗口，是绘画与修图的操作区域。

⑥ 浮动面板：用来帮助用户编辑图像，如设置图层、样式、颜色等属性。

⑦ 浮动工具栏：该工具栏中显示Photoshop的常用工具和接下来需要进行的操作，包括新增的“创成式填充”功能也在此工具栏中。

1.1.1 菜单栏

菜单栏位于整个窗口的顶端，由“文件”“编辑”“图像”“图层”“文字”“选择”“滤镜”“3D”“视图”“增效工具”“窗口”和“帮助”12个菜单命令组成，如图1-2所示。单击任意一个菜单项，都会弹出其包含的命令，Photoshop中的绝大部分功能都可以利用菜单栏中的命令来实现。菜单栏的右侧还显示控制文件窗口显示大小的最小化 、最大化（还原窗口） 、关闭 等几个快捷按钮。

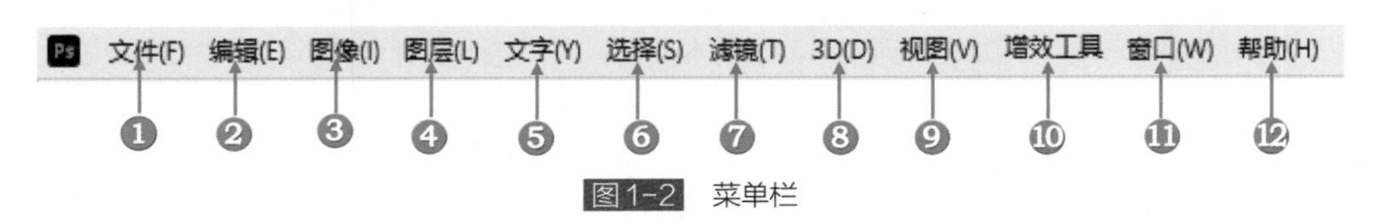

图1-2 菜单栏

① 文件：执行“文件”命令，在弹出的下级菜单中可以执行新建、打开、存储、关闭、导出及打印等一系列针对文件的命令。

② 编辑：“编辑”菜单是对图像进行编辑的命令，包括还原、剪切、拷贝、粘贴、填充、变换及定义图案等命令。

③ 图像：“图像”菜单命令主要针对图像模式、颜色、大小等进行调整和设置。

④ 图层：“图层”菜单中的命令主要针对图层进行相应的操作，这些命令便于对图层进行运用和管理，如新建图层、复制图层、图层蒙版、合并图层等。

⑤ 文字：“文字”菜单主要用于对文字对象进行创建和设置，包括创建3D文字、创建工作路径、文字变形及匹配字体等。

⑥ 选择：“选择”菜单中的命令主要针对选区进行操作，可以对选区进行反选、修改、变换、扩大、载入选区等操作，这些命令结合选区工具使用，更便于对选区进行操作。

⑦ 滤镜：“滤镜”菜单中的命令可以为图像设置各种不同的特效，在制作图像特效方面更是功不可没。

⑧ 3D：“3D”菜单中的命令主要用来编辑3D图层与图像，包括新建3D图层、合并3D图层、导出3D图层、渲染3D图层等。

⑨ 视图：“视图”菜单中的命令可对整个视图进行调整及设置，包括缩放视图、改变屏幕模式、显示标尺、设置参考线等。

⑩ 增效工具：“增效工具”菜单中的命令主要用来管理Photoshop中的插件，这些插件可以为图像增效。

⑪ 窗口：“窗口”菜单主要用于控制Photoshop的工作界面、工作区、工具箱及各个面板的显示和隐藏。

⑫ 帮助：“帮助”菜单提供使用Photoshop的各种帮助信息。在使用Photoshop的过程中，若遇到问题，可以查看该菜单及时了解各种命令、工具和功能的使用方法。

如果菜单中的命令呈现灰色，则表示该命令在当前编辑状态下不可用，如图1-3所示；如果菜单命令右侧有一个三角形符号，则表示此菜单包含子菜单，将鼠标指针移动到该菜单上，即可打开其子菜单，如图1-4所示；如果菜单命令右侧有省略号“…”，则执行此菜单命令时将会弹出与之有关的对话框。

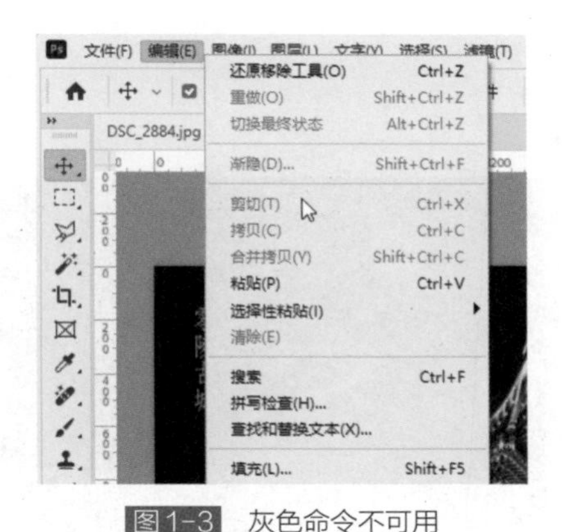

图1-3　灰色命令不可用

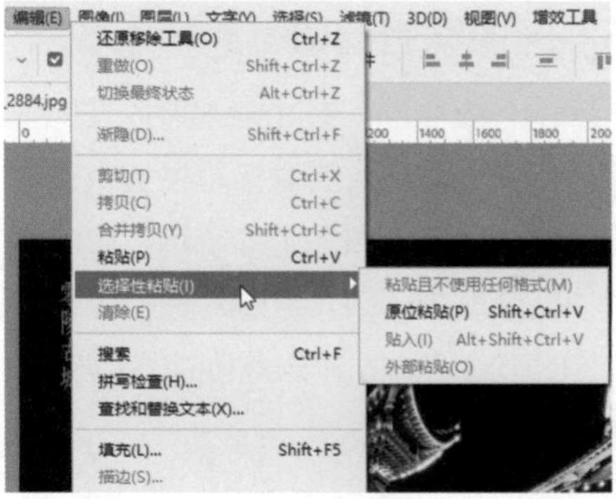

图1-4　三角形符号表示该菜单包含有子菜单

1.1.2　工具属性栏

工具属性栏位于菜单栏的下方，主要用于对所选取工具的属性进行设置，它提供控制工具属性的相关选项，其显示的内容会根据所选工具的不同而改变。图1-5所示为选取矩形选框工具后的工具属性栏样式。

图1-5　矩形选框工具的工具属性栏

1.1.3　工具箱

工具箱位于工作界面的左侧，如图1-6所示，单击左上角的按钮，可以对工具箱进行展开与折叠操作。要使用工具箱中的工具，只要单击工具按钮，即可在图像编辑窗口中使用。

若在工具按钮的右下角有一个小三角形，则表示该工具按钮中还包含其他工具，在工具按钮上按住鼠标左键的同时，可弹出所隐藏的工具选项，如图1-7所示。

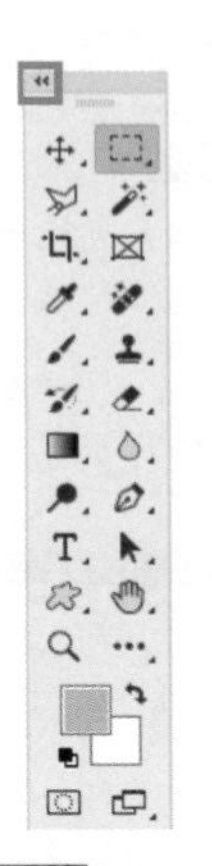

图1-6　工具箱　　图1-7　显示隐藏工具

1.1.4　状态栏

状态栏位于图像编辑窗口的底部，主要用于显示当前所编辑图像的各种参数信息，状态栏主要由显示比例、文件信息和提示信息等部分组成。单击状态栏右侧的小三角形按钮，即可弹出列表框，其中显示当前图像文件的相关信息，如文档大小、文档配置文件、文档尺寸、暂存盘大小及当前工具等，如图1-8所示，选择相应的选项，状态栏中即可显

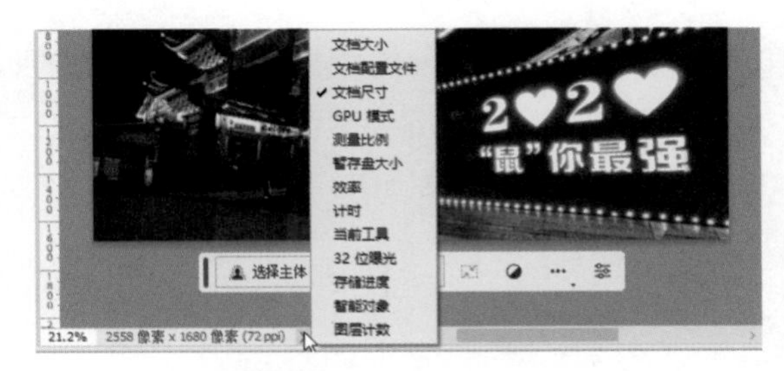

图1-8　状态栏中的列表框

示相应的文档信息内容。

1.1.5 图像编辑窗口

Photoshop中的所有功能都可以在图像编辑窗口中实现。打开文件后，图像标题栏呈灰白色时，即为当前图像编辑窗口，如图1-9所示。此时所有操作将只针对该图像编辑窗口，若想对其他图像编辑窗口进行编辑，使用鼠标单击需要编辑的图像窗口即可。

图1-9 当前图像编辑窗口

1.1.6 浮动面板

浮动面板位于工作界面的右侧，它主要用于对当前图像的图层、颜色、样式及相关的操作进行设置。单击菜单栏中的“窗口”菜单，在弹出的菜单列表中单击相应的命令，即可显示相应的浮动面板，如图1-10所示。

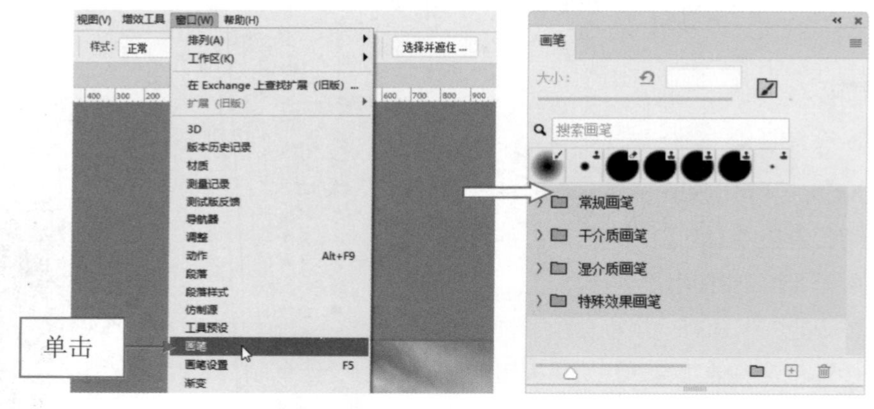

图1-10 单击“画笔”命令，显示“画笔”面板

1.1.7 浮动工具栏

Photoshop中的浮动工具栏主要用来对图像进行“创成式填充”操作。该功能非常强大，可以进行AI（Artificial Intelligence，人工智能）绘画与修图操作，让这一代PS成为创作者和设计师不可或缺的工具。当用户在图像编辑窗口中创建选区后，浮动工具栏如图1-11所示，在其中单击“创成式填充”按钮，即可进行AI绘画与修图操作。

图1-11 浮动工具栏

1.2 / 掌握文件的基本操作

Photoshop作为一款图像处理软件，绘画与修图处理是它的看家本领。在使用Photoshop开始创作之前，需要先了解此软件的一些常用操作，如新建文件、打开文件、保存文件和关闭文件等。熟练掌握这些基本操作，才能更好、更快地设计作品。

1.2.1 新建图像文件

在Photoshop中，用户若想要创作一个全新的图像文件，首先需要新建一个空白文件，然后才可以继续进行下一步操作。下面介绍新建图像文件的操作方法。

步骤 01 在菜单栏中，单击“文件”|“新建”命令，如图1-12所示。

步骤 02 弹出“新建文档”对话框，选择“默认Photoshop大小”选项，如图1-13所示。

图1-12 单击“新建”命令

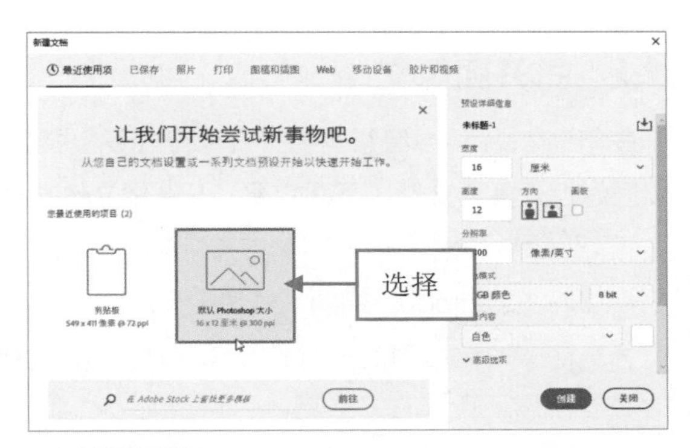

图1-13 选择“默认Photoshop大小”选项

步骤 03 单击“创建”按钮，即可新建一个空白的图像文件，如图1-14所示。

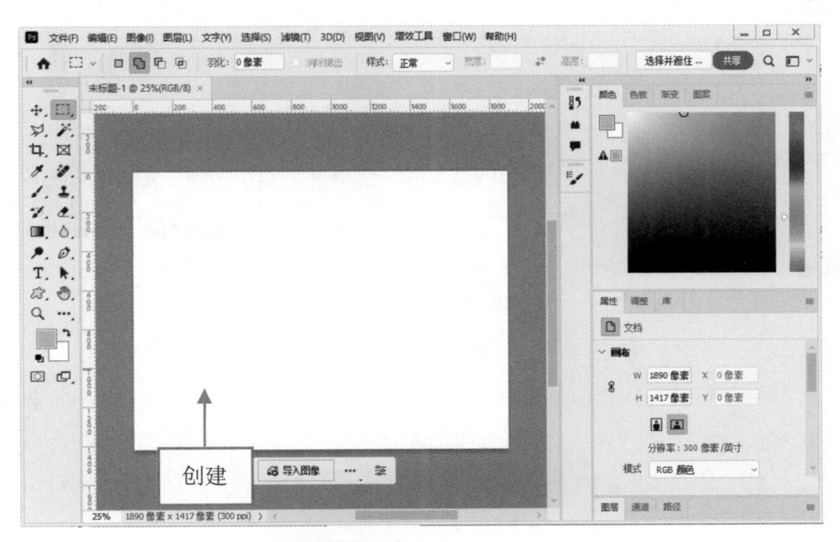

图1-14 新建空白图像文件

在“新建文档”对话框中，各主要选项含义如下。

◆ 预设详细信息：可以设置文件的名称，也可以使用默认的文件名。创建文件后，文件名会自动显示在文档窗口的标题栏中。

◆ 宽度/高度：用来设置文档的宽度和高度值，在“宽度”右侧的列表框中可以选择单位，如“像素”“英寸”“厘米”及“毫米”等选项。

◆ 分辨率：用来设置文件的分辨率，在右侧的列表框中可以选择分辨率的单位，如“像素/英寸”和“像素/厘米”。

◆ 颜色模式：用来设置文件的颜色模式，如“位图”模式、“灰度”模式、“RGB颜色”模式、“CMYK颜色”模式等。

◆ 背景内容：用来设置文件的背景内容，如“白色”“背景色”及“透明”等。

◆ 高级选项：展开该选项，可以显示对话框中隐藏的内容，如“颜色配置文件”和“像素长宽比”等。

1.2.2 打开图像文件

在Photoshop中经常需要打开一个或多个图像文件进行编辑和修改，它可以打开多种文件格式，也可以同时打开多个文件。下面介绍打开图像文件的操作方法。

步骤 01 单击“文件”|“打开”命令，在弹出的“打开”对话框中，选择需要打开的图像文件（素材\第1章\1.2.2.jpg），如图1-15所示。

步骤 02 单击“打开”按钮，即可打开选择的图像文件，如图1-16所示。

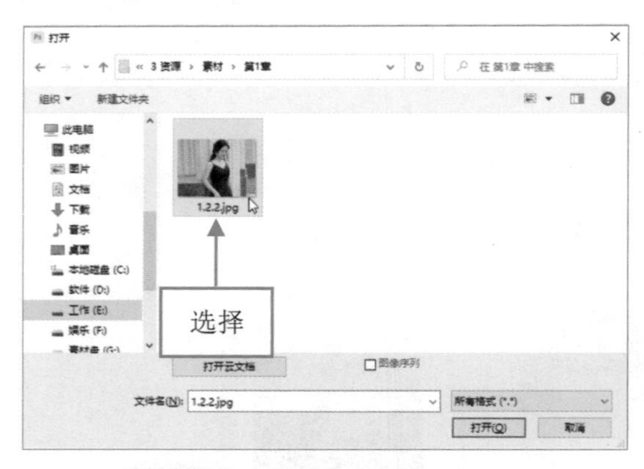

图1-15 选择需要打开的图像文件

图1-16 打开图像文件

如果要打开一组连续的文件，可以在选择第一个文件后，按住【Shift】键的同时再选择最后一个要打开的文件；如果要打开一组不连续的文件，可以在选择第一个图像文件后，按住【Ctrl】键的同时，选择其他的图像文件，然后再单击“打开”按钮。

1.2.3 保存与关闭图像文件

如果需要将处理好的图像文件保存，只要单击“文件”|“存储为”命令，在弹出的“存储为”对话框中将文件保存即可。当新建或打开许多图像文件时，为了提高计算机的运行速度，就要将不需要使用的图像文件进行关闭操作。下面介绍保存与关闭图像文件的方法。

步骤 01 打开一幅素材图像（素材\第 1 章\1.2.3.jpg），如图 1-17 所示。

步骤 02 新建一个图层，或者进行相关编辑操作，单击“文件”|“存储为”命令，弹出“存储为”对话框，设置文件名称与保存路径，单击“保存”按钮，如图 1-18 所示。

图 1-17 打开一幅素材图像

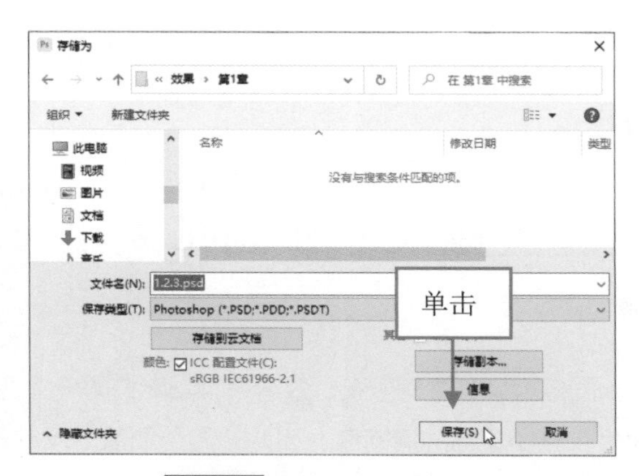

图 1-18 单击“保存”按钮

温馨提示

除了运用上述方法保存图像文件外，还有以下两种常用的方法。

◆ 快捷键 1：按【Ctrl+S】组合键，保存图像文件。

◆ 快捷键 2：按【Shift+Ctrl+S】组合键，保存图像文件。

步骤 03 执行操作后，即可保存图像文件。单击“文件”|“关闭”命令，如图 1-19 所示。

步骤 04 执行操作后，即可关闭当前工作的图像文件，如图 1-20 所示。

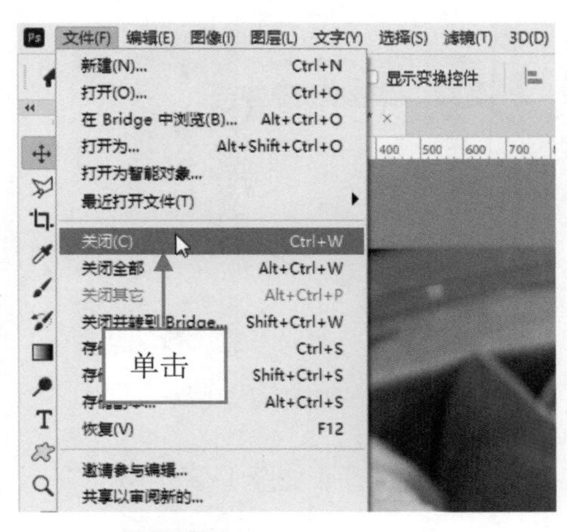

图 1-19 单击“关闭”命令

图 1-20 关闭当前图像文件

除了运用上述方法可以关闭图像文件外，还有以下4种常用的方法。

- ◆ 快捷键1：按【Ctrl+W】组合键，关闭当前文件。
- ◆ 快捷键2：按【Alt+Ctrl+W】组合键，关闭所有文件。
- ◆ 快捷键3：按【Ctrl+Q】组合键，关闭当前文件并退出Photoshop。
- ◆ 按钮：单击图像文件标题栏右侧的“关闭”按钮×。

1.3 / 调整图像尺寸和画布大小

图像大小与图像像素、分辨率、实际打印尺寸之间有着密切的关系，它决定存储文件所需的硬盘空间大小和图像文件的清晰度。因此，调整图像的尺寸及画布大小也决定着整幅画面的大小。本节主要介绍调整图像尺寸和画布大小的操作方法。

1.3.1 调整图像尺寸

在Photoshop中，图像尺寸越大，所占的空间也越大。更改图像的尺寸，会直接影响图像的显示效果。下面介绍调整图像尺寸的操作方法。

步骤 01 打开一幅素材图像（素材\第1章\1.3.1.jpg），如图1-21所示。

步骤 02 单击“图像”|“图像大小”命令，如图1-22所示。

图1-21 素材图像

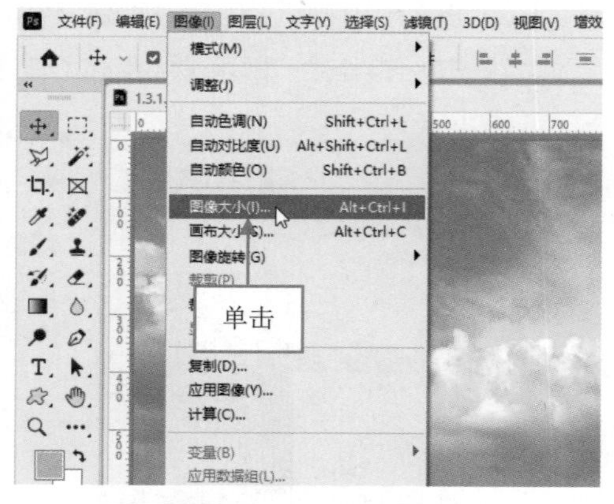

图1-22 单击“图像大小”命令

步骤 03 弹出“图像大小”对话框，在右侧设置“宽度”为“1600像素”，如图1-23所示。

步骤 04 单击“确定”按钮，即可调整图像的尺寸，如图1-24所示。

图1-23 设置“宽度”为“1600像素”

图1-24 调整图像尺寸

温馨提示

在“图像大小”对话框中，相关操作含义如下。

◆ 像素大小：通过改变“宽度”和“高度”数值，可以调整图像在屏幕上的显示大小，图像的尺寸也发生相应变化。

◆ 图像大小：通过改变“宽度”“高度”和“分辨率”数值，可以调整图像的文件大小，图像的尺寸也发生相应变化。

1.3.2 调整画布大小

画布是指实际打印的工作区域，图像画面尺寸的大小是指当前图像周围工作空间的大小，改变画布大小直接会影响最终的输出效果。下面介绍调整画布大小的操作方法。

步骤 01 打开一幅素材图像（素材 \ 第 1 章 \ 1.3.2.jpg），如图 1-25 所示。

步骤 02 单击“图像”|“画布大小”命令，弹出“画布大小”对话框，在“新建大小”选项区设置“高度”为“900 像素”，如图 1-26 所示。

步骤 03 单击“确定”按钮，即可调整图像的画布大小，如图 1-27 所示，此时图像上方和下方显示了多余的空白区域。

图1-25 素材图像

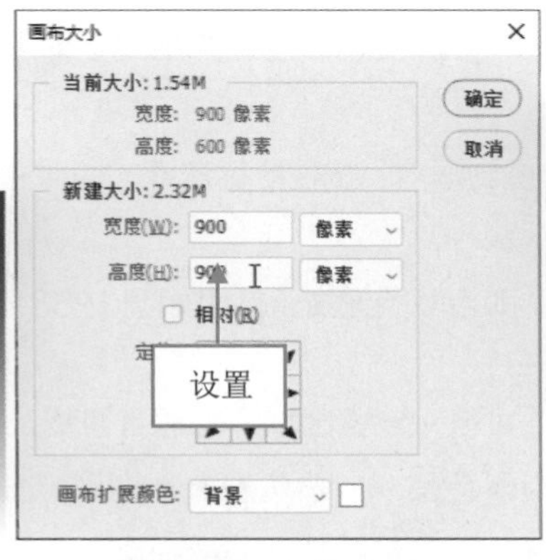

图1-26 设置相应参数

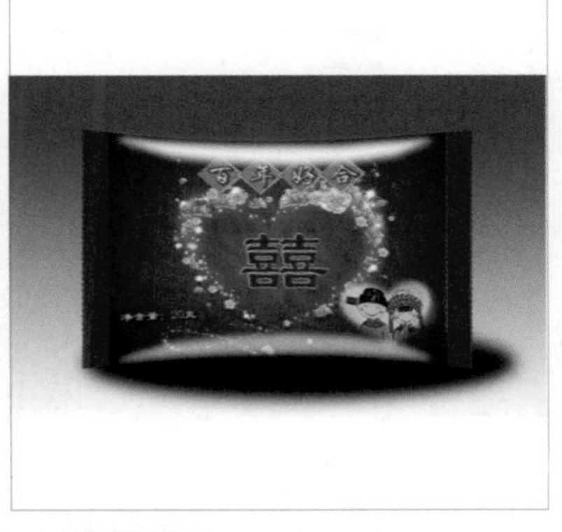

图1-27 调整图像的画布大小

1.4 / 裁剪和变换图像画面

在绘画与修图的过程中，有时候会发现图像的构图不太美观，或者画面出现了倾斜或颠倒的情况，此时需要对图像进行裁剪、旋转或翻转操作，使图像效果更加美观。本节主要介绍裁剪图像、旋转图像、水平翻转和垂直翻转图像的操作方法。

1.4.1 裁剪图像画面

在Photoshop中，利用裁剪工具可以对图像进行裁剪操作，重新定义画布的大小。下面介绍运用裁剪工具裁剪图像画面的操作方法。

步骤 01 打开一幅素材图像（素材\第1章\1.4.1.jpg），如图1-28所示。

步骤 02 在工具箱中，选取裁剪工具，如图1-29所示。

步骤 03 选取裁剪工具后，在图像边缘会显示一个变换控制框，如图1-30所示。

图1-28 素材图像

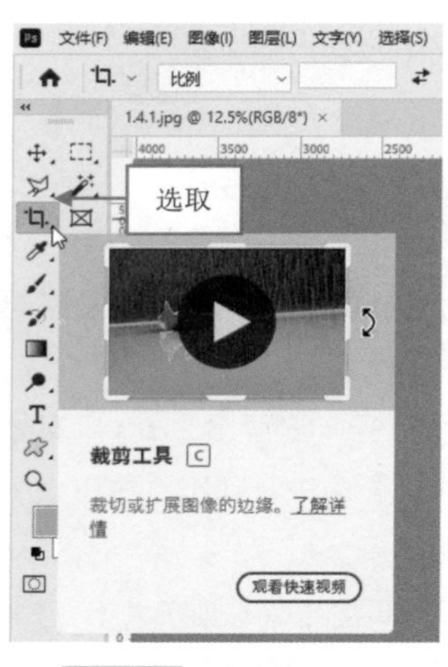

图1-29 选取裁剪工具

图1-30 显示变换控制框

步骤 04 当鼠标指针呈形状时，按住鼠标左键并拖曳，即可调整裁剪区域的大小，如图1-31所示。

步骤 05 将鼠标指针移至变换控制框内，按住鼠标左键的同时并拖曳，即可调整控制框的位置，如图1-32所示。

步骤 06 按【Enter】键确认，即可裁剪图像，效果如图1-33所示。

在变换控制框中，可以对裁剪区域进行适当调整，将鼠标指针移动至控制框四周的8个控制柄上，当指针呈双向箭头形状时，按住鼠标左键的同时并拖曳，即可放大或缩小裁剪区域；将鼠标指针移动至控制框外，当指针呈形状时，可对其裁剪区域进行旋转。

图1-31　调整裁剪区域的大小

图1-32　调整控制框的位置

图1-33　完成裁剪操作

1.4.2　旋转图像画面

在Photoshop中，有些素材图像出现了反向或倾斜的情况，用户可以通过旋转画布对图像进行修正操作。下面介绍旋转图像画面的操作方法。

步骤 01　打开一幅素材图像（素材\第1章\1.4.2.jpg），如图1-34所示。

步骤 02　在菜单栏中，单击“图像”|“图像旋转”|“180度”命令，如图1-35所示。

步骤 03　执行上述操作后，即可180度旋转画布，如图1-36所示。

图1-34　打开素材图像

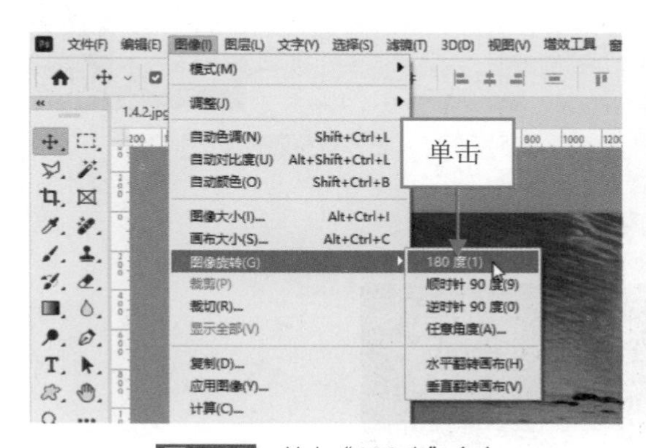

图1-35　单击“180度”命令

图1-36　180度旋转画布

1.4.3　水平翻转图像画面

在Photoshop中，用户可以根据图像设计的需要，对图像进行水平翻转操作。下面介绍水平翻转图像画面的操作方法。

步骤 01 打开一幅素材图像（素材\第1章\1.4.3.jpg），如图1-37所示。

步骤 02 单击“图像”|“图像旋转”|“水平翻转画布”命令，即可水平翻转图像，如图1-38所示。

图1-37 素材图像

图1-38 水平翻转图像

1.4.4 垂直翻转图像画面

在Photoshop中，用户可以根据需要对素材图像进行垂直翻转操作。下面介绍垂直翻转图像画面的操作方法。

步骤 01 打开一幅素材图像（素材\第1章\1.4.4.jpg），如图1-39所示。

步骤 02 单击“图像”|“图像旋转”|“垂直翻转画布”命令，如图1-40所示。

图1-39 打开素材图像

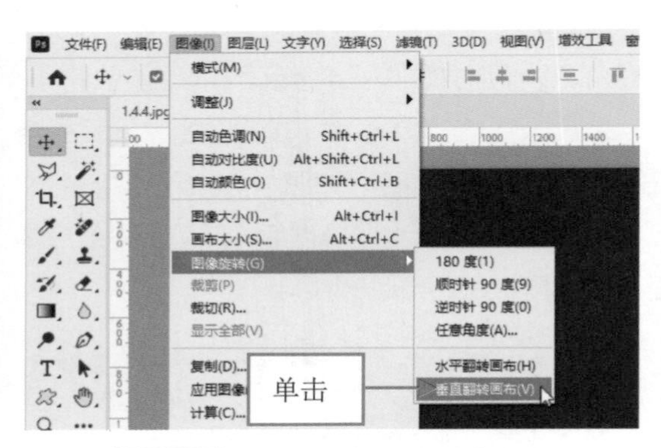

图1-40 单击“垂直翻转画布”命令

步骤 03 执行上述操作后，即可垂直翻转画布，如图1-41所示。

图1-41 垂直翻转画布

本章小结

本章主要向读者介绍了Photoshop（Beta）版的工作界面和组成部分、文件的基本操作、调整图像尺寸和画布大小、裁剪和变换图像画面等内容，让读者深入了解Photoshop的基本操作，为后续学习Photoshop的绘画与修图操作奠定良好的基础。

课后习题

鉴于本章知识的重要性，为了帮助读者更好地掌握所学知识，下面将通过上机习题，帮助读者进行简单的知识回顾和补充。

本习题需要掌握裁剪图像画面的方法，素材与效果对比如图1–42所示。

图 1-42 素材与效果对比

第2章 创建选区：精准选择需要的图像部分

使用 Photoshop 进行 AI 绘画与修图之前，首先需要在图像上精准绘出需要编辑的图像区域，即图像选区，这样才能对选区内的图像进行 AI 绘画与修图操作。本章主要介绍在 Photoshop 中创建选区的多种方法，灵活掌握这些方法，可以为后面的 AI 绘画与修图奠定良好的基础。

2.1 / 一键精准选出主体与天空

在Photoshop中，使用“选择”菜单下的“主体”或“天空”命令，可以一键精准选出图像中的主体或天空区域，当图像中主体或天空区域较为明显的时候，该操作可以有效提升绘画与修图的效率。本节主要介绍一键精准选出主体与天空的操作方法。

2.1.1 在绘画区域一键选主体

使用“主体”命令可以一键选择图像中的主体对象，方便用户对主体以外的区域进行快速绘图，下面介绍具体操作方法。

步骤 01 打开一幅素材图像（素材\第2章\2.1.1.jpg），如图2-1所示。

步骤 02 在菜单栏中，单击“选择”|“主体”命令，如图2-2所示。

步骤 03 执行操作后，即可创建主体人物选区，如图2-3所示。

图2-1 素材图像

将人物主体抠出来以后，可以使用“创成式填充”功能更换人物的背景效果（在第3、4章有详细的步骤说明），还可以将主体人物与其他图像进行合成，效果如图2-4所示。

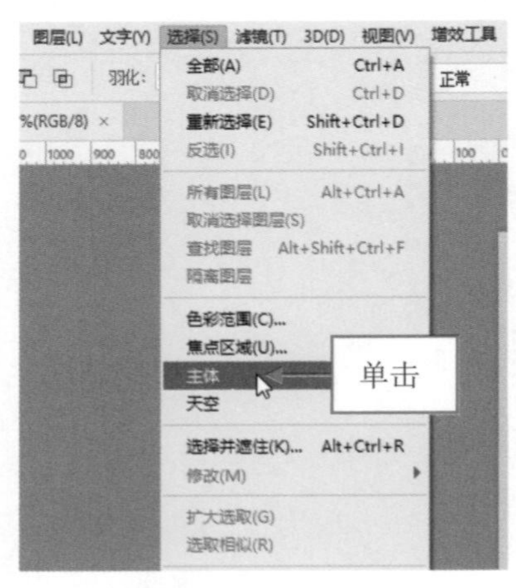

图2-2 单击“主体”命令

图2-3 创建主体人物选区

图2-4 人像合成效果

2.1.2 在绘画区域一键选天空

使用“天空”命令可以一键选择图像中的天空部分，方便用户对天空区域进行修图操作，下面介绍具体操作方法。

步骤 01 打开一幅素材图像（素材\第2章\2.1.2.jpg），如图2-5所示。

步骤 02 在菜单栏中，单击“选择”|“天空”命令，即可创建天空选区，如图2-6所示。

接下来，可以使用“创成式填充”功能将天空更换为蓝天白云的效果，如图2-7所示。

图2-5 素材图像

图2-6 创建天空选区

图2-7 天空效果（关键词：Blue sky and white clouds）

2.2 / 在绘画区域创建几何选区

在Photoshop中，使用工具箱中的多种选框工具可以创建不同形状的几何选区，达到框选图像后对图像进行绘画与修图的目的；还可以使用矢量图形工具绘制不同形状的路径，来选择图像区域。本节主要介绍运用选框与路径工具在图像上创建选区的操作方法。

2.2.1 在绘画区域创建矩形选区

矩形选框工具主要用于创建矩形或正方形选区，用户还可以在工具属性栏上进行相应选项的设置。在Photoshop中，矩形选框工具是区域选择工具中最基本、最常用的工具，用户选择矩形选框工具后，其工具属性栏如图2-8所示。

图2-8　矩形选框工具属性栏

在矩形选框工具属性栏中，各主要选项含义如下。

● 羽化：可以用来设置选区的羽化范围，单位为像素。

● 样式：可以用来设置创建选区的方法。选择“正常”选项，可以通过拖动鼠标创建任意大小的选区；选择“固定比例”选项，可以在右侧设置比例数值；选择“固定大小”选项，可以在右侧设置大小数值；单击⇄按钮，可以切换“宽度”和“高度”数值框。

● 选择并遮住：可以用来对选区进行平滑、羽化等处理。

下面介绍运用矩形选框工具⬚框选图像的操作方法。

步骤 01 打开一幅素材图像（素材\第2章\2.2.1.jpg），如图2-9所示。

步骤 02 在工具箱中，选取矩形选框工具⬚，如图2-10所示。

图2-9　素材图像

图2-10　选取矩形选框工具

步骤 03 在图像编辑窗口中的合适位置按住鼠标左键并向右下方拖曳，即可创建一个矩形选区，框选图像区域，如图2-11所示。

步骤 04 在工具属性栏中，单击“添加到选区”按钮⧉，在图像编辑窗口中的合适位置再次按住鼠标左键并向右下方拖曳，在已有的选区中增加新的选区，合并到一起，效果如图2-12所示。

图2-11　创建一个矩形选区

图2-12　在已有的选区中增加新的选区

温馨提示

与创建矩形选框有关的技巧如下。

◆ 按【M】键，可选取矩形选框工具。

◆ 按【Shift】键，可创建正方形选区。

◆ 按【Alt】键，可创建以起点为中心的矩形选区。

◆ 按【Alt+Shift】组合键，可创建以起点为中心的正方形。

将图像中需要的内容框选出来以后，可以通过“选择”|“反选”命令，反选背景图像，然后使用“创成式填充”功能去除背景中多余的元素，效果如图2-13所示。

图2-13 去除背景中多余的元素

温馨提示

创建选区是为了限制图像编辑的范围，从而得到精确的效果。建立选区后，选区的边界就会显现不断交替闪烁的虚线，此虚线框表示选区的范围，当图像中的一部分被选中时，此时可以对图像选定的部分进行绘画与修图操作，选区外的图像不受影响。

2.2.2 在绘画区域创建椭圆选区

椭圆选框工具◯主要用于创建椭圆或正圆选区，用户还可以在工具属性栏上进行相应选项的设置。下面介绍运用椭圆选框工具◯框选图像的操作方法。

步骤 01 打开一幅素材图像（素材\第2章\2.2.2.jpg），如图2-14所示。

步骤 02 在工具箱中，选取椭圆选框工具◯，如图2-15所示。

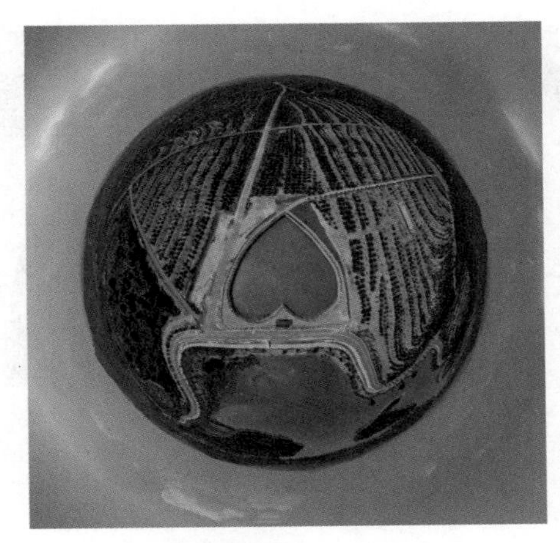

图2-14 素材图像

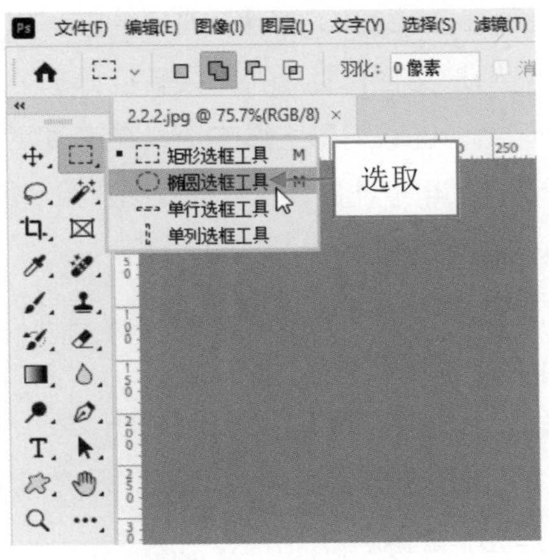

图2-15 选取椭圆选框工具

步骤 03 按住【Shift】键的同时，在图像编辑窗口中的合适位置按住鼠标左键并拖曳，创建一个正圆选区，如图2-16所示，可以框选圆形的图像区域。

将圆形的图像框选出来以后，单击“选择”|“反选”命令，可以选择圆形图像以外的区域，然后使用“创成式填充”功能将天空更换为蓝天白云的效果，如图2-17所示。

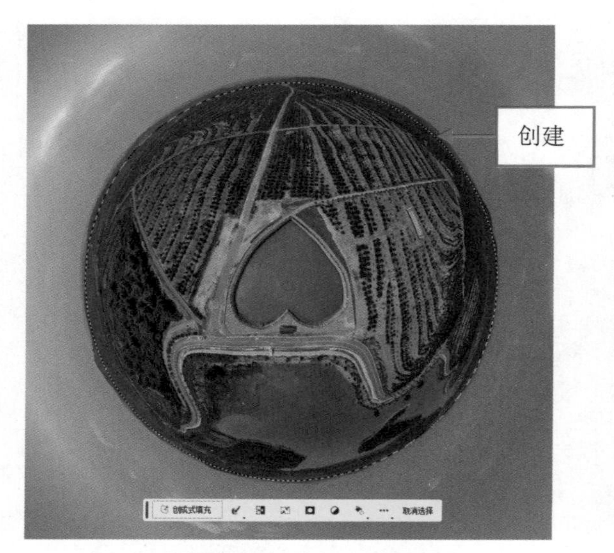

图2-16 创建一个正圆选区

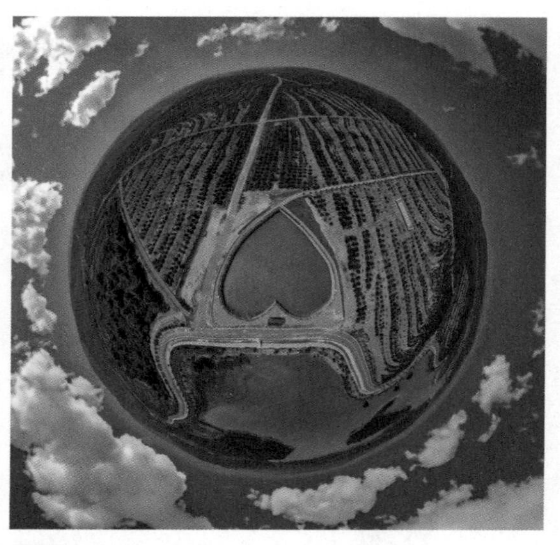

图2-17 天空效果（关键词：Blue sky and white clouds）

温馨提示

与创建椭圆选区有关的技巧如下。

- 按【Shift+M】组合键，可快速选取椭圆选框工具。
- 按【Shift】键，可创建正圆选区。
- 按【Alt】键，可创建以起点为中心的椭圆选区。
- 按【Alt+Shift】组合键，可创建以起点为中心的正圆选区。

2.2.3 在绘画区域创建圆角矩形选区

在Photoshop中，使用矩形工具▢可以在图像上创建圆角矩形路径，然后将路径转换为选区，即可框选图像区域。选取矩形工具▢后，在工具属性栏中需要设置圆角的半径参数，这样才能创建圆角矩形选区，具体操作步骤如下。

步骤 01 打开一幅素材图像（素材\第2章\2.2.3.jpg），如图2-18所示。

图2-18 素材图像

步骤 02 在“图层”面板底部，单击“创建新图层”按钮⊞，新建“图层1”图层，选取工具箱中的矩形工具▢，如图2-19所示。

步骤03 在工具属性栏中，设置“选择工具模式”为“路径”，“圆角的半径”为“50像素”，如图2-20所示。

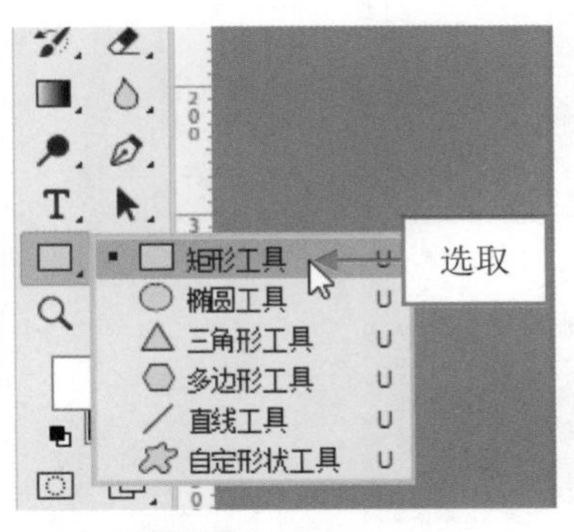

图2-19 选取矩形工具

图2-20 设置各参数

步骤04 在图像编辑窗口中的合适位置按住鼠标左键并拖曳，即可创建一个圆角矩形路径，按【Ctrl+Enter】组合键，将路径转换为选区，即可框选图像区域，效果如图2-21所示。

将图像框选出来以后，单击“选择”|“反选”命令，可以选择圆角矩形以外的区域，然后使用“创成式填充”功能将背景填充为白色，效果如图2-22所示。

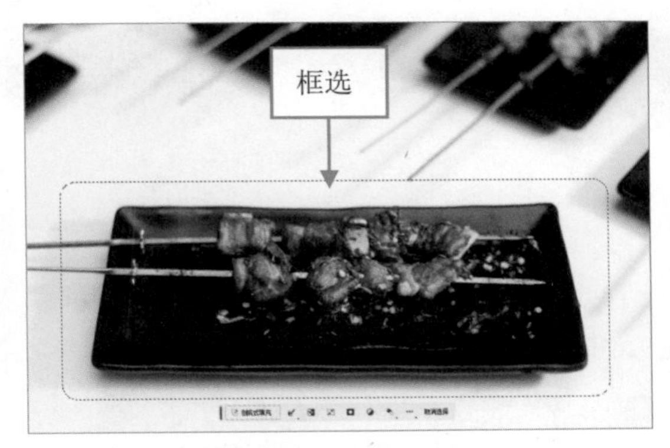

图2-21 框选图像区域

图2-22 白色背景（关键词：white）

运用矩形工具绘制圆角矩形路径时，按住【Shift】键的同时，在图像编辑窗口中按住鼠标左键并拖曳，可绘制一个正圆角矩形；如果按住【Alt】键的同时，在图像编辑窗口中按住鼠标左键并拖曳，可绘制以起点为中心的圆角矩形。

2.2.4 在绘画区域创建多边形选区

在Photoshop中，运用多边形工具绘制路径形状时，多边形会随着鼠标的移动而改变其大小。下面介绍运用多边形工具创建多边形选区的操作方法。

步骤01 打开一幅素材图像（素材\第2章\2.2.4.jpg），如图2-23所示。

步骤02 在工具箱中，选取多边形工具，如图2-24所示。

步骤 03 在工具属性栏中，设置“选择工具模式”为“路径”，“边数”为“8”，如图2-25所示。

图2-23 素材图像

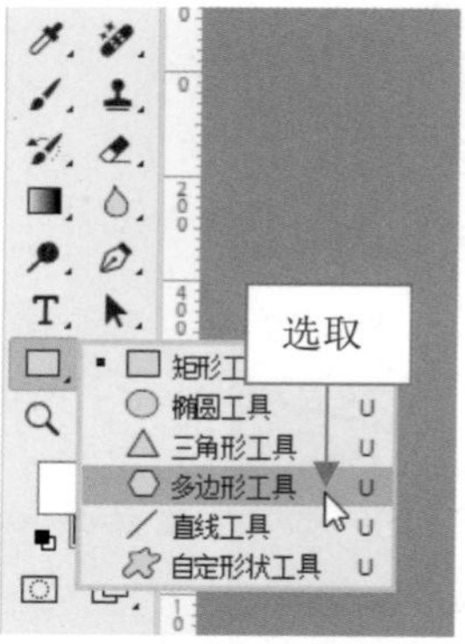

图2-24 选取多边形工具

图2-25 设置各参数

步骤 04 在图像编辑窗口中的合适位置按住鼠标左键并拖曳，即可创建一个多边形路径，按【Ctrl+Enter】组合键，将路径转换为选区，即可框选图像区域，效果如图2-26所示。

将图像框选出来以后，可以删除选区内的图像，然后将其他人像效果填充进来，制作出相应的人像效果，如图2-27所示。

图2-26 将路径转换为选区

图2-27 人像合成效果

温馨提示

在Photoshop中，运用多边形工具⬡还可以创建等边多边形，如等边三角形、五角星形和其他星形等。当用户需要在图像上绘制多个星形图像时，就可以使用多边形工具创建多边形选区，然后使用“创成式填充”功能进行绘画与填充操作。

2.3 / 在绘画区域创建不规则选区

在Photoshop的工具箱中包含3种不同类型的套索工具：套索工具、多边形套索工具和磁性套索工具。灵活运用这3种工具可以在绘画区域创建不规则的图像选区，本节介绍具体操作方法。

2.3.1 在绘画区域选择不规则的船

在Photoshop中，运用套索工具可以在图像编辑窗口中创建任意形状的选区，通常用于创建不太精确的选区。下面介绍在绘画区域选择不规则的船的操作方法。

步骤 01 打开一幅素材图像（素材\第2章\2.3.1.jpg），如图2-28所示。

步骤 02 在工具箱中，选取套索工具，在图像编辑窗口中的合适位置按住鼠标左键并拖曳，即可创建一个不规则的选区，框选图像中的渔船区域，效果如图2-29所示。

图2-28 素材图像

图2-29 框选图像中的渔船区域

将渔船区域框选出来以后，我们可以使用“创成式填充”功能将渔船图像更改为一群鸭子在水中游玩的图像，效果如图2-30所示。

套索工具主要用来选取对选择精度要求不高的区域，该工具的最大优势是框选待选区域的效率很高。

图2-30 鸭子图像（关键词：A flock of ducks）

在Photoshop中，按键盘上的【L】键，也可以快速调用套索工具，该工具是较为常用的一种选区工具，使用频率较高。

2.3.2 在绘画区域选择宣传折页

在Photoshop中，运用多边形套索工具可以在图像编辑窗口中绘制不规则的选区，该工具创建的选区非常精确。下面介绍在绘画区域选择宣传折页的操作方法。

步骤 01 打开一幅素材图像（素材\第2章\2.3.2.jpg），如图2-31所示。

图2-31 素材图像

步骤 02 在工具箱中，选取多边形套索工具，将鼠标指针移至图像编辑窗口中的合适位置单击鼠标左键，确定起始点，然后在下一位置继续单击鼠标左键，重复此操作，创建多条直线，最后将鼠标指针移至起始点，单击鼠标左键，即可在图像上创建多边形选区，框选图像中的宣传折页，效果如图2-32所示。

将宣传折页框选出来以后，接下来可以将宣传折页与其他背景图像进行合成处理，效果如图2-33所示。

图2-32 框选图像中的宣传折页

图2-33 合成效果

2.3.3 在绘画区域选择一只小动物

在Photoshop中，磁性套索工具用于快速选择与背景对比强烈并且边缘复杂的对象，它可以沿着图像的边缘生成选区。选择磁性套索工具后，其工具属性栏如图2-34所示。

图2-34 磁性套索工具属性栏

在磁性套索工具属性栏中，各主要选项含义如下。

- 宽度：以光标中心为准，设置其周围有多少个像素能够被工具检测到，如果对象的边界不是特别清晰，需要使用较小的宽度值。
- 对比度：用来设置工具感应图像边缘的灵敏度。如果图像的边缘清晰，可将该数值设置得高一些；反之，则设置得低一些。
- 频率：用来设置创建选区时生成锚点的数量。
- 使用绘图板压力以更改钢笔宽度：在计算机配置有数位板和压感笔时，单击此按钮，Photoshop会根据压感笔的压力自动调整工具的检测范围。

下面介绍运用磁性套索工具在绘画区域选择一只小动物的操作方法。

步骤 01 打开一幅素材图像（素材\第2章\2.3.3.jpg），如图2-35所示。

图2-35 素材图像

步骤 02 在工具箱中，选取磁性套索工具，将鼠标指针移至图像编辑窗口中的合适位置，单击鼠标左键的同时并拖曳，即可在图像上创建一个选区，框选小狗图像，如图2-36所示。

将小狗图像框选出来以后，单击"选择"|"反选"命令，可以选择小狗图像以外的背景区域，然后使用"创成式填充"功能将背景更换为草地的效果，如图2-37所示。

图2-36 框选小狗图像

图2-37 小狗图像（关键词：grassland）

2.4 / 在绘画区域为对象创建选区

在Photoshop的绘画区域，使用魔棒工具、快速选择工具及对象选择工具可以在图像上快速创建需要的选区，使用这3种工具选择颜色比较单一或对象比较突出的图像区域时较快，本节主要介绍这3种工具的用法。

2.4.1 在绘画区域创建人物选区

魔棒工具用来创建与图像颜色相近或相同的像素选区，在颜色相近的图像上单击鼠标左键，即可选取到相近的颜色范围。运用魔棒工具可以先选取纯色的人物背景，然后通过“反选”命令选取人物，下面介绍具体的操作方法。

步骤 01 打开一幅素材图像（素材\第2章\2.4.1.jpg），如图2-38所示。

步骤 02 在工具箱中，选取魔棒工具，如图2-39所示。

步骤 03 将鼠标指针移至图像编辑窗口中的人物背景上，单击鼠标左键，即可选中背景图像，单击“选择”|“反选”命令，反选图像中的人物，为人物创建选区，效果如图2-40所示。

接下来，可以将人物抠出来与其他背景图像进行合成处理，效果如图2-41所示。

图2-38 素材图像

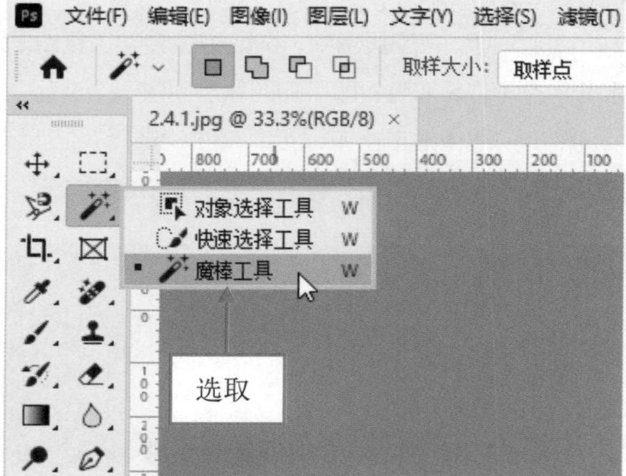

图2-39 选取魔棒工具

图2-40 创建人物选区

图2-41 与其他图像进行合成

2.4.2 在绘画区域创建商品选区

快速选择工具是用来选择相近颜色的工具，在按住鼠标左键并拖曳的过程中，它能够快速选择多个颜色相似的区域，相当于按住【Shift】键或【Alt】键不断使用魔棒工具单击的效果。下面介绍使用快速选择工具在绘画区域创建商品选区的操作方法。

步骤 01 打开一幅素材图像（素材\第2章\2.4.2.jpg），如图2-42所示。

步骤 02 在工具箱中，选取快速选择工具，在工具属性栏中，设置“大小”为“35像素”，“硬度”为“100%”，如图2-43所示。

图2-42 素材图像

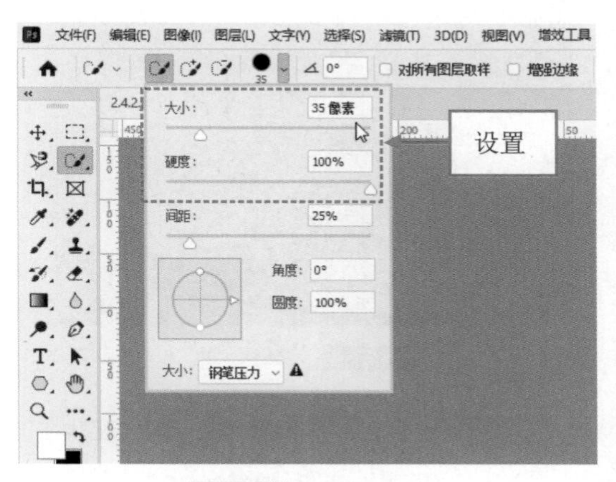

图2-43 设置各参数

步骤 03 将鼠标指针移至图像编辑窗口中的合适位置，按住鼠标左键并拖曳，即可为商品图像创建选区，如图2-44所示。

接下来，可以将商品抠出来与其他背景图像进行合成处理，效果如图2-45所示。

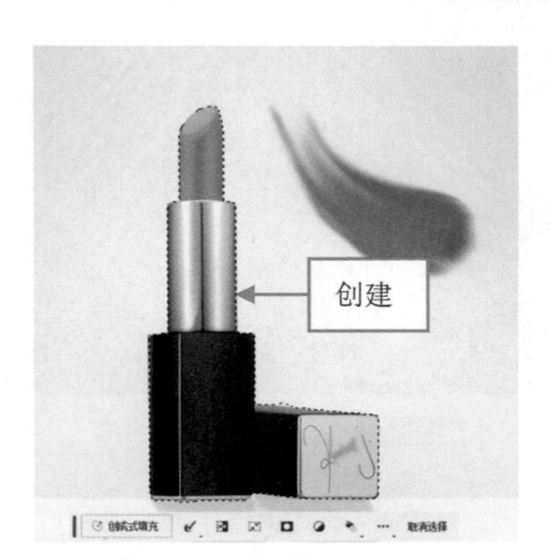

图2-44 为商品图像创建选区

图2-45 与其他背景进行合成

在编辑图像的过程中，按键盘上的【W】键，也可以快速选取对象选择工具、快速选择工具或魔棒工具。

2.4.3　在绘画区域创建女包选区

使用对象选择工具可以在图像上快速创建对象选区，如人物选区、动物选区及商品选区对象等。下面介绍使用对象选择工具在绘画区域创建女包选区的操作方法。

步骤 01 打开一幅素材图像（素材\第2章\2.4.3.jpg），如图2-46所示。

步骤 02 在工具箱中，选取对象选择工具，如图2-47所示。

图2-46　素材图像

图2-47　选取对象选择工具

步骤 03 将鼠标指针移至图像编辑窗口中的图像上，按住鼠标左键并向右下角拖曳，绘制一个矩形选区，释放鼠标左键，此时Photoshop会从用户绘制的矩形选区内自动选中女包对象，为女包对象创建精确的选区，如图2-48所示。

接下来，可以将女包抠出来与其他背景图像进行合成处理，效果如图2-49所示。

图2-48　为女包对象创建精确的选区

图2-49　与其他背景进行合成

2.5 /
在绘画区域创建复杂的选区

在Photoshop中，一些复杂的、不规则选区指的是随意性强、不被局限在几何形状内的选区，通过复杂的计算可以得到的单个选区或多个选区。本节主要介绍通过“色彩范围”和“选取相似”命令在绘画区域创建复杂选区的操作方法。

2.5.1 在绘画区域选取相应范围内的色彩

“色彩范围”是一个利用图像中的颜色变化关系创建选区的命令，此命令根据选取色彩的相似程度，在图像中提取相似的色彩区域而生成选区。下面介绍通过“色彩范围”命令在绘画区域创建选区的操作方法。

步骤 01 打开一幅素材图像（素材\第2章\2.5.1.jpg），如图2-50所示。

步骤 02 在菜单栏中，单击“选择”|“色彩范围”命令，如图2-51所示。

图2-50 素材图像

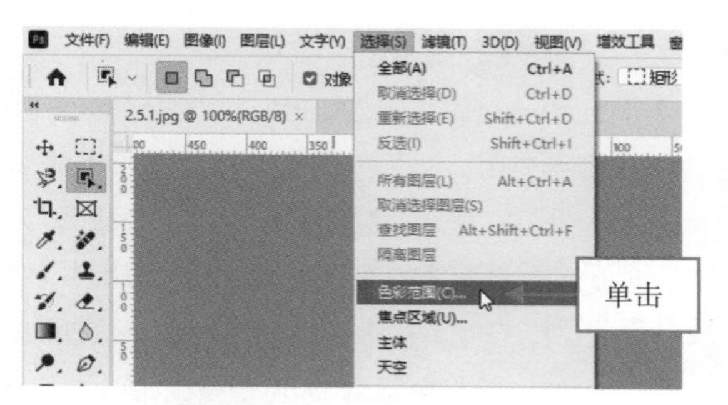

图2-51 单击“色彩范围”命令

步骤 03 弹出“色彩范围”对话框，设置“颜色容差”为“40”，选中“选择范围”单选按钮，在橘红色的图像区域单击鼠标左键，然后单击“添加到取样”按钮，如图2-52所示。

步骤 04 继续在橘红色的图像区域单击鼠标左键，选中相应色彩范围内的图像，如图2-53所示。

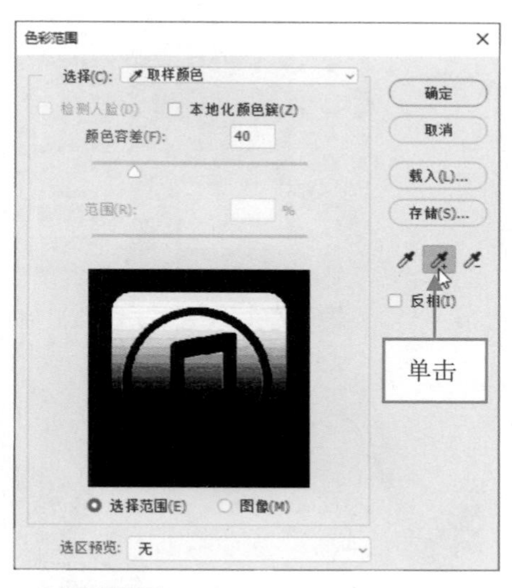

图2-52 单击“添加到取样”按钮

图2-53 选中相应色彩范围内的图像

步骤 05 单击“确定”按钮，即可选中图像编辑窗口中的橘红色图像，如图2-54所示。

接下来，可以使用Photoshop中的调色命令对选区内的图像进行调色处理。图2-55所示为使用“色相/饱和度”命令对图像进行重新调色后的效果。

图2-54 选中图像编辑窗口中的橘红色图像

图2-55 对图像进行重新调色后的效果

2.5.2 在绘画区域选取相似的色彩

在Photoshop中，“选取相似”命令针对的是图像中所有颜色相近的像素，此命令在有大面积实色的情况下非常有用。下面介绍通过“选取相似”命令在绘画区域创建选区的方法。

步骤 01 打开一幅素材图像（素材\第2章\2.5.2jpg），如图2-56所示。

步骤 02 选取魔棒工具，在图像编辑窗口中创建一个选区，如图2-57所示。

步骤 03 在菜单栏中，单击“选择”|“选取相似”命令，如图2-58所示。

步骤 04 执行操作后，即可在图像编辑窗口中选中所有颜色相似的图像区域，为相似的色彩创建选区，如图2-59所示。

图2-56 素材图像

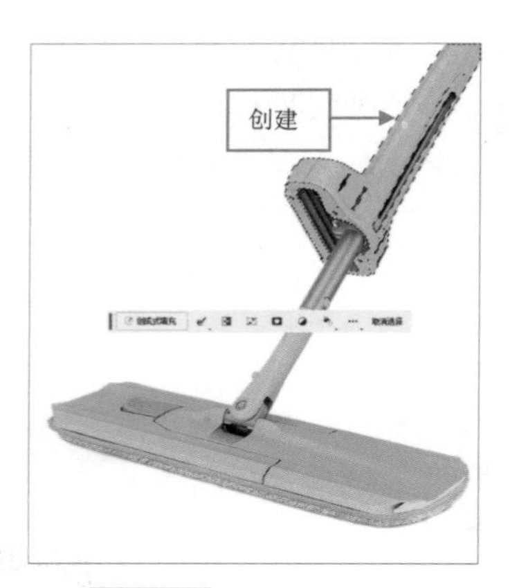

图2-57 创建一个选区

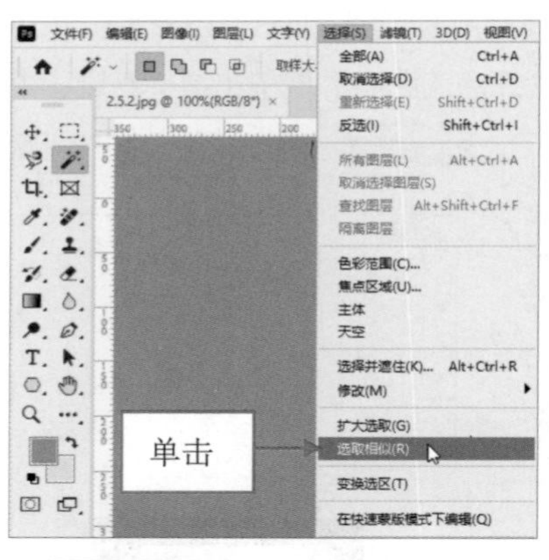

图2-58 单击“选取相似”命令

接下来，可以使用Photoshop中的调色命令对选区内的图像进行调色处理。图2-60所示为使用“色彩平衡”命令修正图像色彩后的效果。

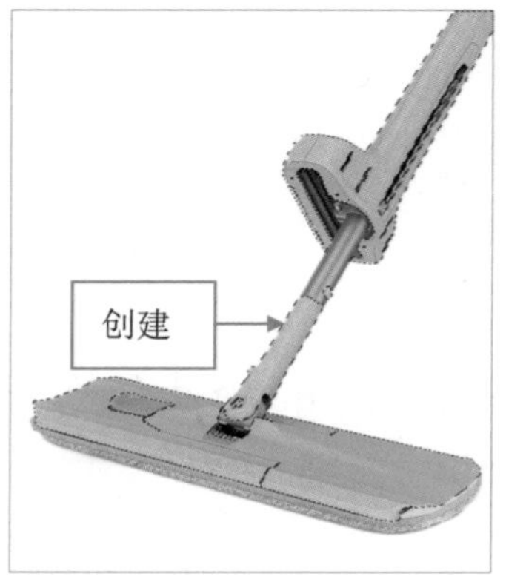

图2-59 为相似的色彩创建选区

图2-60 修正图像色彩后的效果

2.6 / 编辑与管理绘画中的选区

使用Photoshop进行绘画与修图时，为了使编辑的图像更加精确，经常要对已经创建的选区进行修改。本节主要介绍移动、存储、取消、变换及扩展选区的操作方法。

2.6.1 在绘画区域移动选区

在Photoshop中，可以使用任何一种选框工具来移动选区，移动选区是图像处理中最常用的操作，适当地对选区的位置进行调整，可以使图像更符合设计的需求。下面介绍在绘画区域移动选区的操作方法。

步骤 01 打开一幅素材图像（素材\第2章\2.6.1.jpg），如图2-61所示。

步骤 02 选取磁性套索工具，在图像左上方的盘子处创建一个选区，如图2-62所示。

图2-61 素材图像

图2-62 创建一个选区

步骤 03 移动鼠标指针至图像上的圆形选区内，按住鼠标左键并向右下方拖曳，至合适位置后释放鼠标左键，即可移动圆形选区，如图2-63所示。

移动选区后，可以使用“创成式填充”功能在选区内生成一个面包的图像，效果如图2-64所示。

图2-63 移动圆形选区

图2-64 面包效果（关键词：bread）

2.6.2 在绘画区域存储选区

在Photoshop中创建选区后，为了防止因错误操作而造成选区丢失，或者后面制作其他效果时还需要使用该选区，此时用户可以将该选区保存。下面介绍在绘画区域存储选区的操作方法。

步骤 01 在上一例的基础上，在菜单栏中单击"选择"|"存储选区"命令，如图2-65所示。

步骤 02 弹出"存储选区"对话框，在其中设置选区的名称等选项，如图2-66所示。

图2-65 单击"存储选区"命令

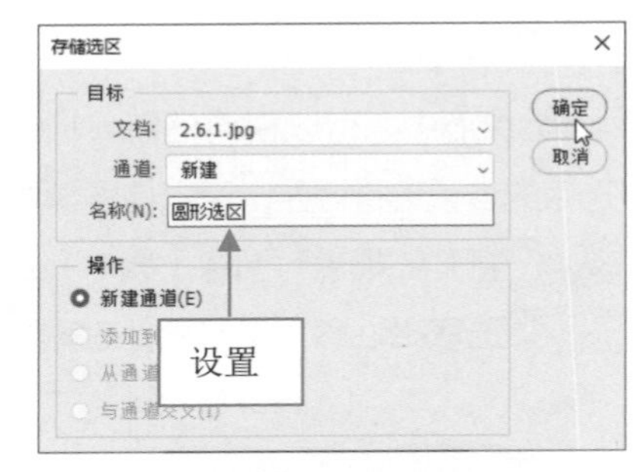

图2-66 设置选区的名称

温馨提示

在"存储选区"对话框中，各主要选项含义如下。

◆ 文档：可以选择保存选区的目标文件，默认情况下选区保存在当前文档中，也可以选择将选区保存在一个新建的文档中。

◆ 通道：可以选择将选区保存到一个新建的通道，或保存到其他Alpha通道中。

◆ 名称：设置存储的选区在通道中的名称。

◆ 新建通道：选中该单选按钮，可以将当前选区存储在新通道中。

◆ 添加到通道：选中该单选按钮，可以将选区添加到目标通道的现有选区中。

步骤 03 单击"确定"按钮，即可存储选区，在"通道"面板中可以查看保存的选区，如图2-67所示。

步骤 04 在"通道"面板中，选择"圆形选区"选项，在图像编辑窗口中可以查看选区的图像效果，如图2-68所示。

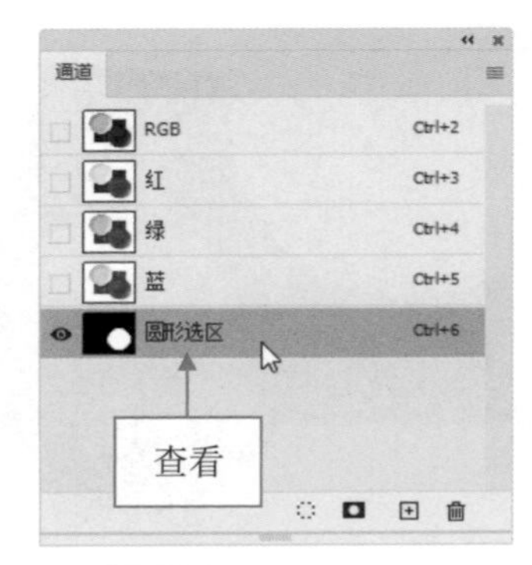

图2-67 查看保存的选区

图2-68 查看选区的图像效果

2.6.3 在绘画区域取消选区

用户在绘画与修图的时候，可以取消不需要的选区。当选区被取消后，还可以使用“重新选择”命令来重新选取选区。下面介绍在绘画区域取消选区的操作方法。

步骤 01 打开一幅素材图像（素材\第2章\2.6.3.jpg），运用矩形选框工具⬚在图像上创建一个矩形选区，如图2-69所示。

步骤 02 在菜单栏中，单击“选择”|“取消选择”命令，如图2-70所示。

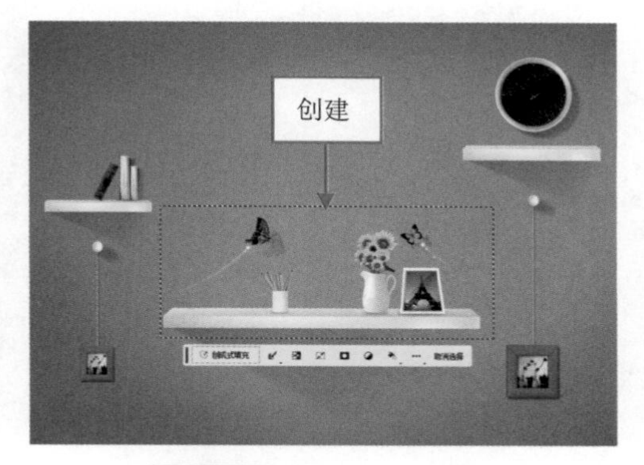

图2-69 创建一个矩形选区

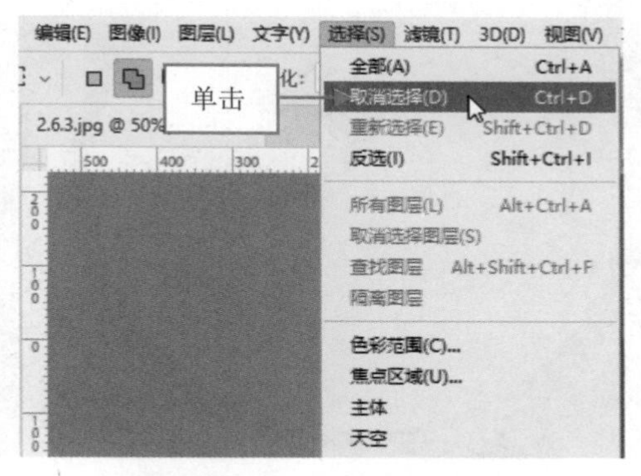

图2-70 单击“取消选择”命令

步骤 03 执行操作后，即可取消选区，如图2-71所示。

步骤 04 在菜单栏中，单击“选择”|“重新选择”命令，即可重新在图像上创建选区，如图2-72所示。

图2-71 取消选区后的图像效果

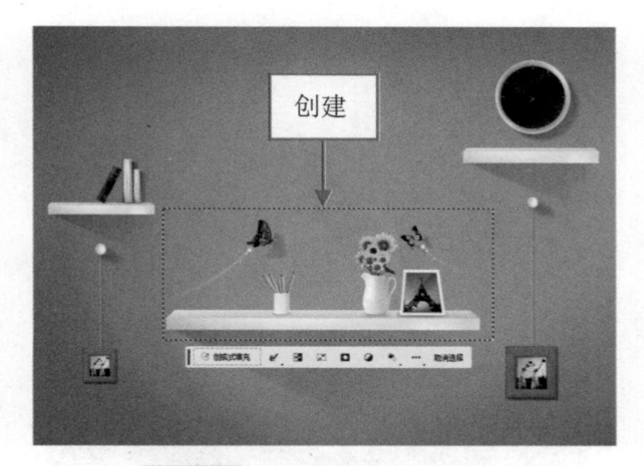

图2-72 重新在图像上创建选区

在Photoshop中，按【Ctrl+D】组合键，也可以取消选区；按【Shift+Ctrl+D】组合键，也可以重新创建选区。

2.6.4 在绘画区域变换选区

在Photoshop中，使用“变换选区”命令可以直接改变选区的形状，而不会对选区的内容进行更改。

下面介绍在绘画区域变换选区的操作方法。

步骤 01 打开一幅素材图像（素材\第2章\2.6.4.jpg），运用矩形选框工具在图像上创建一个矩形选区，如图2-73所示。

步骤 02 在菜单栏中，单击“选择”|“变换选区”命令，如图2-74所示。

图2-73 素材图像

图2-74 单击“变换选区”命令

步骤 03 执行操作后，调出变换控制框，如图2-75所示。

步骤 04 拖曳变换控制框四周的控制柄，即可变换选区的大小，按【Enter】键确认变换操作，如图2-76所示。

图2-75 调出变换控制框

图2-76 变换选区的大小

2.6.5 在绘画区域扩展选区

在Photoshop中，“扩展”命令可以扩大当前选区，“扩展量”的值设置得越大，选区被扩展得就越大。下面介绍在绘画区域扩展选区的操作方法。

步骤 01 打开一幅素材图像（素材\第2章\2.6.5.jpg），如图2-77所示。

步骤 02 运用对象选择工具在图像上创建一个对象选区，如图2-78所示。

图2-77　素材图像

图2-78　创建一个对象选区

步骤 03 单击“选择”|“修改”|“扩展”命令，弹出“扩展选区”对话框，设置“扩展量”为“15像素”，如图2-79所示。

步骤 04 单击“确定”按钮，即可扩展选区，如图2-80所示。

图2-79　设置“扩展量”为“15像素”

图2-80　扩展选区后的效果

温馨提示

除了运用上述方法可以弹出“扩展选区”对话框之外，还可以依次按键盘上的【Alt】【S】【M】【E】键，弹出“扩展选区”对话框。当选区的边缘已经到达图像文件的边缘时，再单击“选择”|“修改”|“收缩”命令，此时与图像边缘相接处的选区不会被收缩。

本章小结

本章主要向读者介绍在图像上创建各种选区的操作方法，如一键精准选出主体与天空、在绘画区域创建几何选区、在绘画区域创建不规则选区、在绘画区域为对象创建选区、在绘画区域创建复杂的选区、编辑与管理绘画中的选区等内容。通过本章的学习，读者可以掌握各种选区的创建方法，精准把握图像中需要编辑的内容，为绘画和修图做好准备。

课后习题

鉴于本章知识的重要性，为了帮助读者更好地掌握所学知识，下面将通过上机习题，帮助读者进行简单的知识回顾和补充。

本习题需要掌握在图像中为人物对象创建选区的方法，素材与效果对比如图2-81所示。

图2-81 素材与效果对比

第3章 AI绘画：智能填充与合成图像

随着 Adobe Photoshop（Beta）版的推出，该版本集成了更多的 AI 功能，其中最强大的就是"创成式填充"功能，该功能就是 Firefly 在 Photoshop 中的实际应用，让这一版本的 Photoshop 成为创作者和设计师不可或缺的工具。本章主要介绍使用"创成式填充"功能进行 AI 绘画的操作方法。

3.1 / 扩展图像区域并完善画面

在PS中扩展图像的画布后，使用"创成式填充"功能可以自动填充空白的画布区域，生成与原图像对应的内容。本节主要介绍扩展图像区域并完善画面的方法。

3.1.1 扩展建筑夜景的图像区域

有时候拍摄建筑照片，有些部分没有拍摄完整，此时可以扩展画布区域，然后通过"创成式填充"功能对画布重新绘画，生成相应的图像内容，具体操作步骤如下。

步骤 01 打开一幅素材图像（素材\第3章\3.1.1.jpg），如图3-1所示。

步骤 02 选取工具箱中的裁剪工具，此时图像四周出现控制框，向右拖曳右侧中间的控制柄，扩展图像右侧的画面内容，如图3-2所示，按【Enter】键确认。

图3-1 素材图像

图3-2 扩展图像右侧的画面内容

步骤 03 选取工具箱中的矩形选框工具⬚，通过鼠标拖曳的方式，在图像右侧创建一个矩形选区，在浮动工具栏中单击“创成式填充”按钮，如图3-3所示。

步骤 04 在浮动工具栏中单击“生成”按钮，即可在空白的画布中生成相应的图像内容，且能够与原图像无缝融合，效果如图3-4所示。

图3-3 单击“创成式填充”按钮

图3-4 生成相应的图像内容

“创成式填充”功能利用先进的AI算法和图像识别技术，能够自动从周围的环境中推断出缺失的图像内容，并智能地进行填充。“创成式填充”功能使得移除不需要的元素或补全缺失的图像部分变得更加容易，节省了用户大量的时间和精力。

3.1.2 扩展人物主角的两侧区域

如果用户想把一张竖幅的人物照片变成一张横幅的人物照片，此时可以在PS中扩展人物照片两侧的画布，使用“创成式填充”功能填充两侧空白的画布区域，形成一张完整的照片效果，具体操作步骤如下。

步骤 01 打开一幅素材图像（素材\第3章\3.1.2.jpg），如图3-5所示。

步骤 02 在菜单栏中，单击“图像”|“画布大小”命令，如图3-6所示。

步骤 03 执行操作后，弹出“画布大小”对话框，选择相应的定位方向，并设置“宽度”为“2000像素”，如图3-7所示。

步骤 04 单击“确定”按钮，即可从左右两侧扩展图像画布，效果如图3-8所示。

图3-5 素材图像

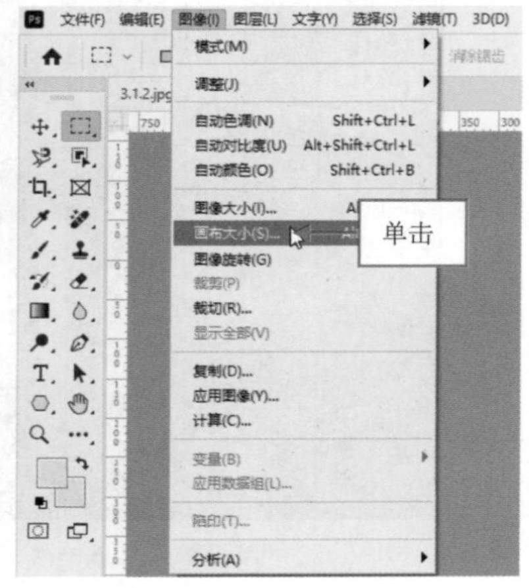

图3-6 单击“画布大小”命令

图3-7 设置“宽度”为“2000像素”

图3-8 从左右两侧扩展图像画布

步骤 05 选取工具箱中的矩形选框工具，在图像区域创建一个矩形选区，单击“选择”|“反选”命令，选择图像的空白区域，如图3-9所示。

图3-9 选择图像的空白区域

步骤 06 在下方的浮动工具栏中单击“创成式填充”按钮，然后单击“生成”按钮，如图3-10所示。

图3-10 单击“生成”按钮

步骤 07 稍等片刻，即可在空白的画布中生成相应的图像内容，且能够与原图像无缝融合，效果如图3-11所示。

图3-11 最终效果

3.1.3 扩展风景照片的四周区域

在Photoshop中，用户不仅可以对照片的左右两侧进行扩展与延伸绘图，还可以对照片的四周（上、下、左、右）区域进行绘图，具体操作步骤如下。

步骤 01 打开一幅素材图像（素材\第3章\3.1.3.jpg），如图3-12所示。

步骤 02 单击“图像”|“画布大小”命令，弹出“画布大小”对话框，选择相应的定位方向，并设置“宽度”为“2000像素”、“高度”为“1200像素”，如图3-13所示。

图3-12 素材图像

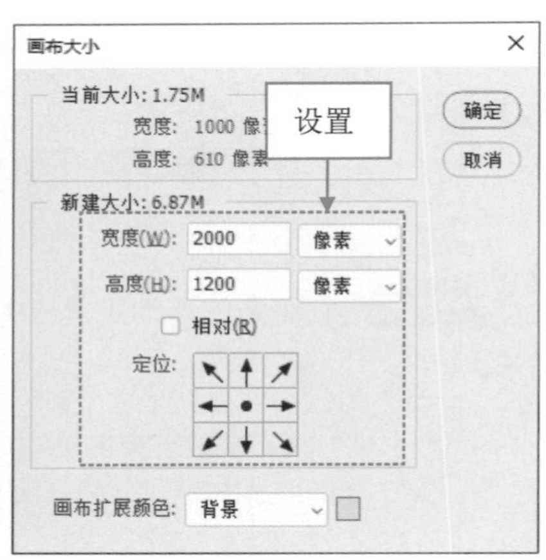

图3-13 设置各参数

温馨提示

在“画布大小”对话框中，各主要选项含义如下。

◆ 当前大小：显示的是当前画布的大小。

◆ 新建大小：用于设置画布的大小。

◆ 相对：选中该复选框后，在“宽度”和“高度”选项后面将出现“锁链”图标，表示改变其中某一选项设置时，另一选项会按比例同时发生变化。

◆ 定位：用来确定从图像的哪个位置开始扩展画布或缩减画布大小。

◆ 画布扩展颜色：在“画布扩展颜色”下拉列表中可以选择填充新画布的颜色。

步骤 03 单击“确定”按钮，即可从风景照片四周扩展图像画布，效果如图3-14所示。

步骤 04 选取工具箱中的矩形选框工具⬚，在图像区域创建一个矩形选区，如图3-15所示。

图3-14 从风景照片四周扩展图像画布

图3-15 在图像区域创建一个矩形选区

步骤 05 单击“选择”|“反选”命令，选择图像的空白区域，如图3-16所示。

步骤 06 在下方的浮动工具栏中单击“创成式填充”按钮，然后单击“生成”按钮，如图3-17所示。

图3-16 选择图像的空白区域

图3-17 单击“生成”按钮

步骤 07 稍等片刻，即可在空白的画布中生成相应的图像内容，且能够与原图像无缝融合，效果如图3-18所示。

图3-18 最终效果

3.2 / 创成式填充的基本操作方法

“创成式填充”功能的原理其实就是AI绘画技术，通过在原有图像上绘制新的图像，或者扩展原有图像的画布生成更多的图像内容，同时还可以进行智能化的修图处理。本节主要介绍Photoshop创成式填充的AI绘画操作方法。

3.2.1 不给提示自动填充图像

使用“创成式填充”功能进行AI绘画时，当我们在图像上绘制出选区后，可以在不输入任何关键词信息的情况下重新生成图像，PS会自动按图像周边像素填充选区内容。下面介绍不给提示自动填充图像的操作方法。

步骤 01 打开一幅素材图像（素材\第3章\3.2.1.jpg），如图3-19所示。

步骤 02 选取工具箱中的套索工具，如图3-20所示。

图3-19 素材图像

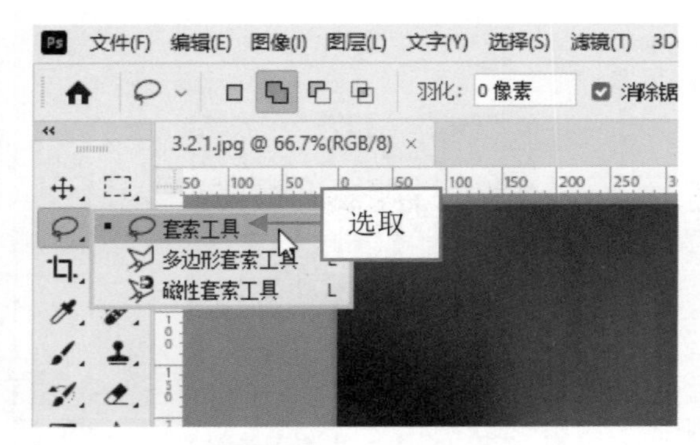

图3-20 选取套索工具

步骤 03 运用套索工具在画面中左侧多余的花瓣处按住鼠标左键并拖曳，框住画面中的多余元素，释放鼠标左键，即可创建一个不规则的选区，如图3-21所示。

步骤 04 在下方的浮动工具栏中单击“创成式填充”按钮，然后单击“生成”按钮，如图3-22所示。

图3-21 框住画面中的多余元素

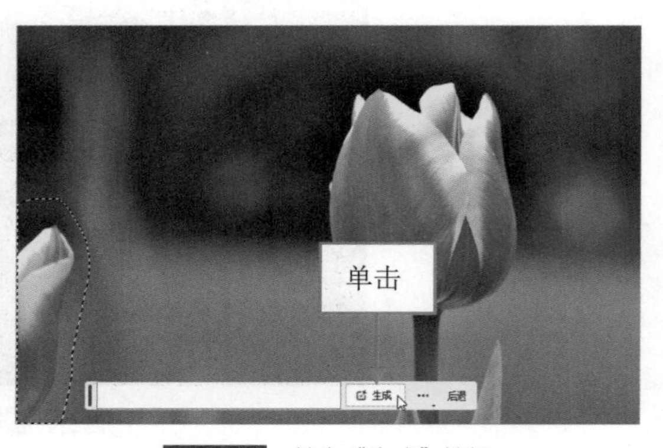

图3-22 单击“生成”按钮

步骤 05 执行操作后，即可去除选区中多余的花瓣元素，效果如图3-23所示。

图3-23 最终效果

3.2.2 根据提示自动填充图像

使用PS的“创成式填充”功能可以在照片的局部区域进行AI绘画操作，用户只需在画面中框选某个区域，然后输入想要生成的内容关键词，即可生成对应的图像内容。下面介绍根据提示自动填充图像的操作方法。

步骤 01 打开一幅素材图像（素材\第3章\3.2.2.jpg），如图3-24所示。

步骤 02 运用套索工具创建一个不规则的选区，如图3-25所示。

图3-24 素材图像

图3-25 创建一个不规则的选区

步骤 03 在下方的浮动工具栏中单击“创成式填充”按钮，在浮动工具栏左侧的输入框中输入关键词“The bird on the branch”（枝头的鸟），单击“生成”按钮，如图3-26所示。

步骤 04 稍等片刻，即可生成相应的图像效果，如图3-27所示。注意，即使是相同的关键词，PS的“创成式填充”功能每次生成的图像效果也不一样。

图3-26 单击“生成”按钮

图3-27 生成相应的图像效果

步骤05 在生成式图层的“属性”面板中，在“变化”选项区选择相应的图像，如图3-28所示。

步骤06 执行操作后，即可改变画面中生成的图像效果，如图3-29所示。

图3-28 选择相应的图像

图3-29 最终效果

3.3 / 掌握PS+AI绘画的典型实例

有了“创成式填充”功能这种强大的PS AI工具，用户可以充分将创意与技术进行结合，并将图像的视觉冲击力发挥到极致。本节以案例的形式介绍PS创成式填充的实际应用，帮助用户更好地掌握“创成式填充”功能。

3.3.1 生成一张雪山的风光照片

在没有任何图片参照物的情况下，我们只需要输入相应关键词，即可使用PS生成一张完美的雪山风景图，具体操作步骤如下。

步骤 01 单击“文件”|“新建”命令，弹出“新建文档”对话框，在右侧设置“宽度”为“16厘米”、“高度”为“12厘米”，单击“创建”按钮，如图3-30所示。

步骤 02 执行操作后，即可创建一个空白的图像文件，在工具箱中选取矩形选框工具⬚，通过鼠标拖曳的方式，在空白图像中创建一个矩形选区，如图3-31所示。

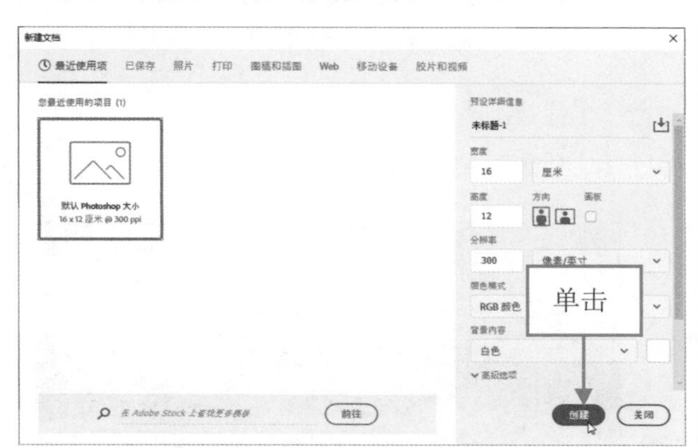

图3-30 单击“创建”按钮

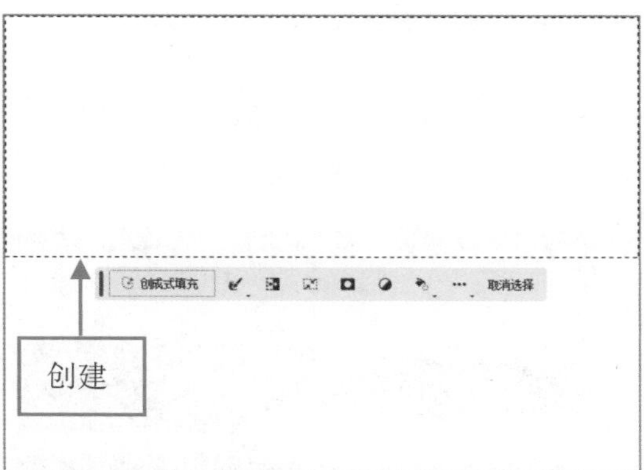

图3-31 创建一个矩形选区

步骤 03 在下方的浮动工具栏中单击“创成式填充”按钮，在浮动工具栏左侧的输入框中输入关键词“Snowy mountain”（雪山），单击“生成”按钮，如图3-32所示。

步骤 04 稍等片刻，即可生成相应的雪山图像效果，如图3-33所示。

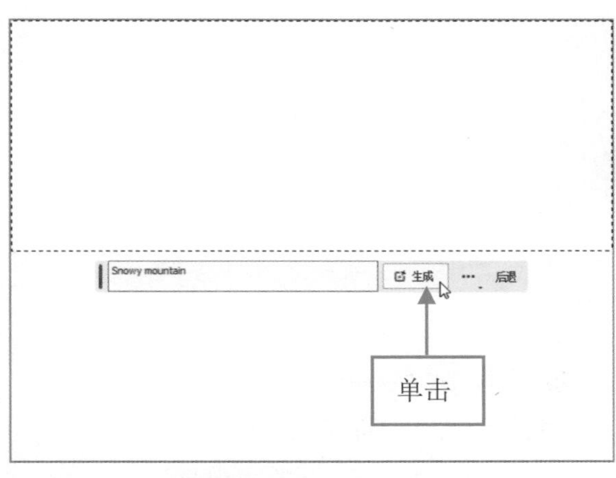

图3-32 单击“生成”按钮

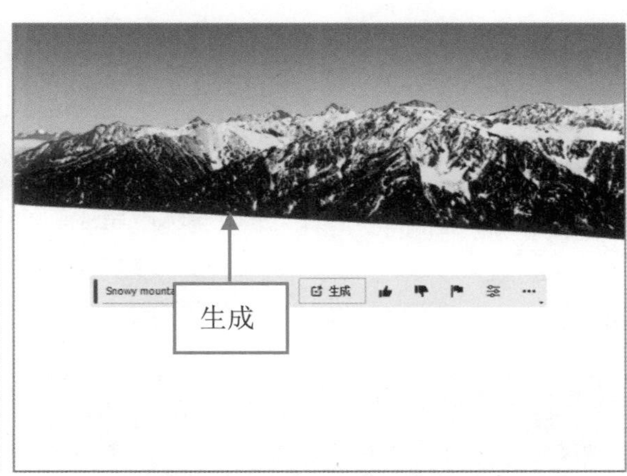

图3-33 生成雪山图像效果

步骤 05 使用多边形套索工具在图像下方的空白区域创建一个多边形选区，在浮动工具栏中单击“创成式填充”按钮，在浮动工具栏左侧输入关键词“Reflection on the water surface”（水面倒影），单击“生成”按钮，如图3-34所示。

步骤 06 稍等片刻，即可生成图像的倒影效果，如图3-35所示。

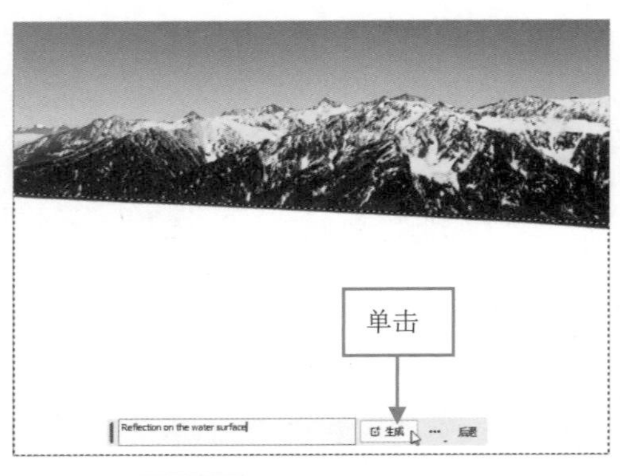

图3-34　单击“生成”按钮

图3-35　生成图像的倒影效果

步骤 07 使用裁剪工具对照片下方的区域进行适当裁剪操作，如图3-36所示。

步骤 08 在裁剪框内双击鼠标左键，确认裁剪操作，图像效果如图3-37所示。

图3-36　使用裁剪工具裁剪图像

图3-37　最终效果

3.3.2　在天空中添加飞鸟元素

飞鸟可以在画面中起到装饰的作用，可以为画面带来生机与活力。下面介绍在蓝天白云间添加一群飞鸟的方法，具体操作步骤如下。

步骤 01 打开一幅素材图像（素材\第3章\3.3.2.jpg），如图3-38所示。

步骤 02 选取工具箱中的椭圆选框工具，在工具属性栏中单击“添加到选区”按钮，如图3-39所示。

图3-38　素材图像

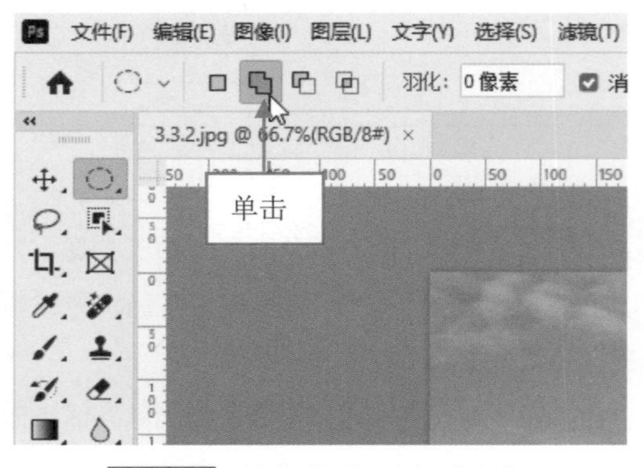

图3-39　单击“添加到选区”按钮

步骤 03 在图像中的适当位置绘制多个椭圆选区，如图3-40所示。

步骤 04 在工具栏中单击“创成式填充”按钮，然后在左侧输入关键词“Flying bird”（飞鸟），单击“生成”按钮，如图3-41所示。

图3-40 绘制多个椭圆选区

图3-41 单击“生成”按钮

步骤 05 稍等片刻，即可生成相应的图像效果，如图3-42所示。

步骤 06 在生成式图层的“属性”面板中，在“变化”选项区选择相应的图像，即可改变画面中生成的图像效果，如图3-43所示。

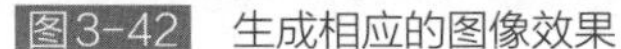

图3-42 生成相应的图像效果

图3-43 最终效果

3.3.3 在画面中生成可爱的动物

在画面中的适当位置添加一个可爱的小动物，比如小狗、小猫或小兔子等，可以让照片更具吸引力，引起观众的喜爱和共鸣。下面介绍在画面中生成可爱动物的操作方法。

步骤 01 打开一幅素材图像（素材\第3章\3.3.3.jpg），如图3-44所示。

步骤 02 选取工具箱中的套索工具，在图像中的适当位置创建一个不规则的选区，在工具栏中单击“创成式填充”按钮，如图3-45所示。

图3-44 素材图像

图3-45 单击"创成式填充"按钮

步骤03 在工具栏左侧输入关键词"Puppy"（小狗），单击"生成"按钮，如图3-46所示。

步骤04 稍等片刻，即可生成相应的图像效果，如图3-47所示。

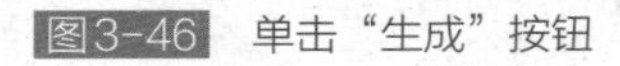

图3-46 单击"生成"按钮

图3-47 生成相应的图像效果

动物既可以增强照片的故事性，还可以成为照片中的焦点元素，吸引观众的目光，传递不同的情绪和营造氛围。上述案例中，在画面中添加了一只小狗，故事性瞬间增强了许多，它就像一个为小朋友探路的先锋，带领着小朋友往前走。

3.3.4 绘出科幻片中的电影角色

电影角色可以让观众对电影中的人物或动物有一个直观的印象，可以用来辅助电影角色的设计和创作过程，还可以给电影创作者带来参考或灵感，从而加快角色设计的过程。下面介绍绘出科幻片中的电影角色的操作方法。

步骤01 打开一幅素材图像（素材\第3章\3.3.4.jpg），如图3-48所示。

步骤02 选取工具箱中的矩形选框工具⬚，在图像中的适当位置创建一个矩形选区，在工具栏中单击"创成式填充"按钮，如图3-49所示。

图3-48 素材图像

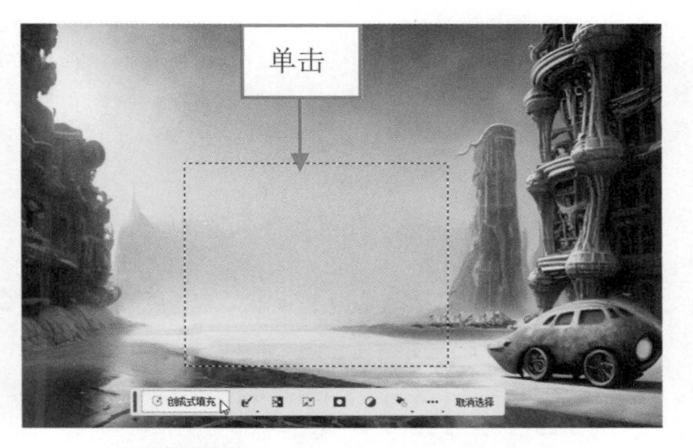

图3-49 单击“创成式填充”按钮

步骤 03 在工具栏左侧输入关键词“A humanoid behemoth resembling a rhinoceros”（一个像犀牛一样的人形巨兽），单击“生成”按钮，如图3-50所示。

步骤 04 稍等片刻，即可绘出科幻片中的电影角色，如图3-51所示。

图3-50 单击“生成”按钮

图3-51 最终效果

3.3.5 在公路上绘出一辆汽车

有时候单纯的公路风光并不美观，如果在公路上绘出一辆汽车，画面瞬间就生动起来了。下面介绍运用钢笔工具在公路上创建一个路径选区，然后绘出一辆汽车的操作方法。

步骤 01 打开一幅素材图像（素材\第3章\3.3.5.jpg），如图3-52所示。

步骤 02 在工具箱中，选取钢笔工具，如图3-53所示。

图3-52 素材图像

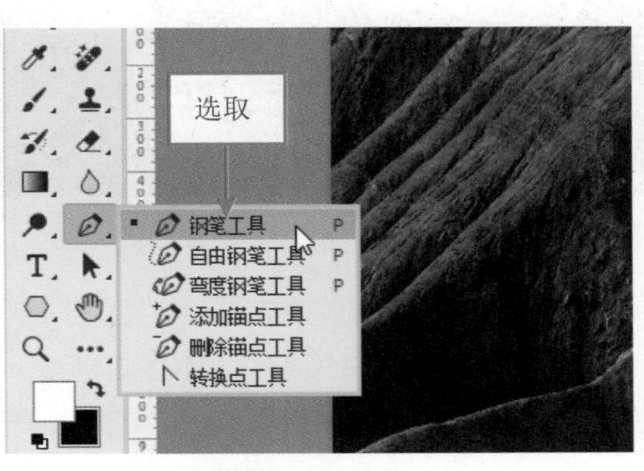

图3-53 选取钢笔工具

在Photoshop中，按键盘上的【P】键，也可以快速选取钢笔工具。

步骤03 在图像编辑窗口中的适当位置，单击鼠标左键，绘制路径的第1个点，然后将鼠标移至另一位置，单击鼠标左键并拖曳，至适当位置后释放鼠标，绘制路径的第2个、第3个点，创建一条曲线路径，如图3-54所示。

步骤04 用上述同样的方法，在图像中的适当位置依次单击鼠标左键，创建一个形状类似于汽车的路径，如图3-55所示。

图3-54 创建一条曲线路径

图3-55 创建一个汽车的路径

步骤05 按【Ctrl+Enter】组合键，将路径转换为选区，如图3-56所示。

步骤06 在工具栏中单击“创成式填充”按钮，在左侧输入关键词“car”（汽车），单击“生成”按钮，如图3-57所示。

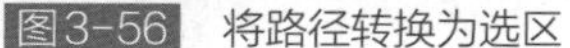
图3-56 将路径转换为选区

图3-57 单击“生成”按钮

步骤07 稍等片刻，即可在公路上绘出一辆汽车，如图3-58所示。

步骤08 在生成式图层的“属性”面板中，在“变化”选项区选择相应的图像，即可改变画面中生成的图像效果，如图3-59所示。

图3-58 在公路上绘出一辆汽车

图3-59 改变画面中的图像效果

3.3.6 为夜空照片添加极光效果

极光是一种神秘而美丽的自然现象，也是一种非常吸引人的视觉元素，通过在照片中添加极光，可以增加照片的光影效果。下面介绍为夜空照片添加极光效果的操作方法。

步骤 01 打开一幅素材图像（素材\第3章\3.3.6.jpg），如图3-60所示。

步骤 02 在工具箱中，选取快速选择工具，如图3-61所示。

图3-60 打开一幅素材图像

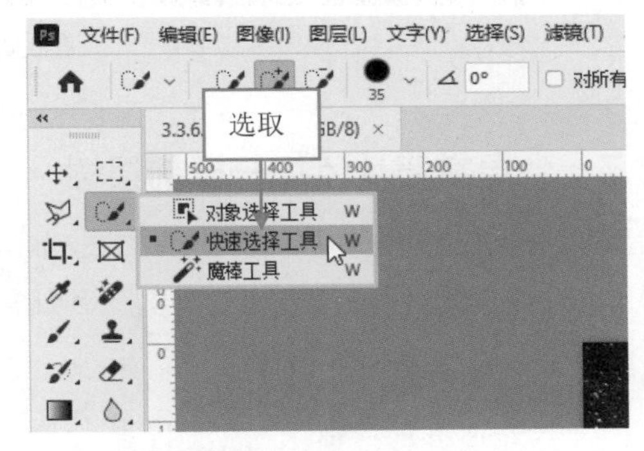

图3-61 选取快速选择工具

步骤 03 将鼠标指针移至图像编辑窗口中的天空位置，按住鼠标左键并拖曳，即可为天空区域创建选区，如图3-62所示。

步骤 04 在工具栏中单击“创成式填充”按钮，在左侧输入关键词“aurora”（极光），单击“生成”按钮，如图3-63所示。

图3-62 为天空区域创建选区

图3-63 单击“生成”按钮

步骤 05 稍等片刻，即可为夜空照片添加极光效果，如图3-64所示。

图3-64 最终效果

3.3.7 为星空照片添加一棵前景树

星空照片往往是宏伟壮观的，但在构图方面可能有些空旷，在后期处理中，适当为星空照片添加一棵前景树，可以增加照片的层次感，使构图更加丰富和吸引人。下面介绍为星空照片添加一棵前景树的操作方法。

步骤 01 打开一幅素材图像（素材\第3章\3.3.7.jpg），如图3-65所示。

步骤 02 选取工具箱中的矩形选框工具，在图像中创建一个矩形选区，如图3-66所示。

图3-65 素材图像

图3-66 创建一个矩形选区

步骤 03 在工具栏中单击“创成式填充”按钮，输入关键词“tree”（树），然后单击“生成”按钮，如图3-67所示。

步骤 04 稍等片刻，即可为星空照片添加一棵前景树，如图3-68所示。

图3-67 单击“生成”按钮

图3-68 最终效果

3.3.8 为风光照片添加前景花丛

花丛作为前景元素，可以增加画面的层次感，它与远处的风景形成对比，使照片呈现前、中、后3个层次，使画面更具深度。下面介绍为风光照片添加前景花丛的操作方法。

步骤 01 打开一幅素材图像（素材\第3章\3.3.8.jpg），如图3-69所示。

步骤 02 选取工具箱中的矩形选框工具，在图像中创建一个矩形选区，如图3-70所示。

图3-69 素材图像

图3-70 创建一个矩形选区

步骤 03 在工具栏中单击“创成式填充”按钮，输入关键词“There are several bright tulips in the flower cluster”（花丛中有几株鲜艳的郁金香），然后单击“生成”按钮，如图3-71所示。

步骤 04 稍等片刻，即可为风光照片添加前景花丛，如图3-72所示。

图3-71 单击“生成”按钮

图3-72 为风光照片添加前景花丛

步骤 05 在生成式图层的“属性”面板中，在“变化”选项区选择相应的图像，即可改变画面中生成的图像效果，如图3-73所示。

图3-73 最终效果

温馨提示

如果用户对于生成的前景花丛效果不满意，此时再次单击工具栏中的“生成”按钮，可以重新生成其他的花丛前景样式。

本章小结

本章主要讲解了使用“创成式填充”功能进行AI绘画的操作方法，包括扩展建筑夜景的图像区域、扩展人物主角的两侧区域、扩展风景照片的四周区域、不给提示自动填充图像及根据提示自动填充图像等内容，最后通过8个PS典型案例详细讲解了“创成式填充”功能的实际应用，读者学完本章以后可以自由绘出想要的图像内容。

课后习题

鉴于本章知识的重要性，为了帮助读者更好地掌握所学知识，下面将通过上机习题，帮助读者进行简单的知识回顾和补充。

本习题需要掌握在天空中生成飞鸟的操作方法，素材与效果对比如图3-74所示。

图3-74 素材与效果对比

PS+AI 修图篇

第4章 高效修饰：创建出完美的图像效果

在 Photoshop 中，使用“创成式填充”功能不仅可以进行 AI 绘画，还可以用来快速修饰各种照片素材中的缺陷或污点，如风景照片、人物照片、产品照片及动物照片等，使修饰后的照片更加完美。本章主要介绍使用“创成式填充”功能修饰照片的方法。

4.1 / 修饰风景照片

使用PS的“创成式填充”功能可以一键去除风景照片中的杂物或任何不想要的元素，它通过AI绘画的方式填充要去除元素的区域，而不是过去的“内容识别”或“近似匹配”方式，因此填充效果更好。另外，使用移除工具也可以快速去除照片中不想要的元素。本节主要介绍修饰风景照片的操作方法。

4.1.1 给照片创建蓝天白云效果

蓝天和白云是大自然的元素之一，它们能够给照片带来一种轻松和愉悦的感觉，如果没有它们，照片会显得平淡无奇，缺乏层次感。下面介绍给风景照片创建蓝天白云效果的操作方法。

图4-1 素材图像

步骤 01 打开一幅素材图像（素材\第4章\4.1.1.jpg），如图4-1所示。

步骤 02 在菜单栏中，单击“选择”|“天空”命令，如图4-2所示。

步骤 03 执行操作后，即可快速创建天空部分的选区，如图4-3所示。

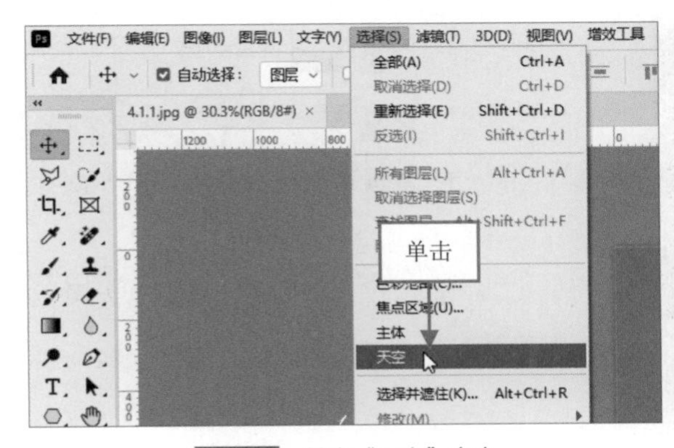

图4-2 单击“天空”命令

图4-3 快速创建天空部分的选区

步骤 04 在工具栏中单击“创成式填充”按钮，输入关键词“Blue sky and white clouds”（蓝天白云），单击“生成”按钮，如图4-4所示。

步骤 05 执行操作后，即可生成蓝天白云的效果，如图4-5所示，我们可以看到照片中的蓝天白云已经很漂亮了，但地景中的雕像变得模糊了，此时需要进行相应完善处理。

步骤 06 在“图层”面板中，选择“背景”图层，如图4-6所示。

图4-4 单击“生成”按钮

图4-5 生成蓝天白云的效果

图4-6 选择“背景”图层

蓝天和白云能够为照片增加鲜明的色彩对比，尤其是在阳光明媚的天气下，它们可以与其他元素形成鲜明的对比，使照片更加吸引人。

步骤 07 单击“选择”|“天空”命令，再次为天空部分创建选区；单击“选择”|“反选”命令，选择地景区域，如图4-7所示。

步骤 08 按【Ctrl+J】组合键，拷贝选区内容，得到“图层1”图层，如图4-8所示。

图4-7 选择地景区域

图4-8 得到“图层1”图层

图层缩览图前面的“切换图层可见性”图标可以用来控制图层的可见性。有该图标的图层为可见图层，无该图标的图层为隐藏图层。

步骤 09 在“图层”面板中，将“图层 1”图层拖曳至“生成式图层 1”图层的上方，调整图层的位置，如图 4-9 所示。

步骤 10 执行上述操作后，即可完善图像画面，得到一张唯美的蓝天白云风光照，效果如图 4-10 所示。

图4-9 调整图层的位置

图4-10 最终效果

4.1.2 去除风景照片中多余的路人

有时候我们拍摄的风光照片中有人路过，路人可能会成为画面中的突兀元素，分散观众对风光本身的注意力，降低画面的整体效果，还可能引起肖像侵权的问题。下面介绍去除风光照片中的路人的方法，具体操作步骤如下。

步骤 01 打开一幅素材图像（素材\第 4 章\4.1.2.jpg），如图 4-11 所示。

步骤 02 运用套索工具在人物位置创建一个不规则的选区，如图 4-12 所示。

图4-11 打开一张素材图片

图4-12 创建一个不规则的选区

步骤 03 在工具栏中单击“创成式填充”按钮，然后单击“生成”按钮，如图4-13所示。

步骤 04 执行操作后，即可去除选区中的路人元素，效果如图4-14所示。

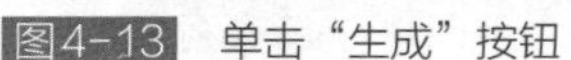
图4-13 单击“生成”按钮

图4-14 最终效果

> **温馨提示**
> 去除画面中的路人后，风景照片看上去更加干净、整洁，将观众的视线吸引到了正前方的深灰色树木上，垂直线的构图方式使照片更具有吸引力，场景更加震撼。

4.1.3 去除风光照片中杂乱的前景

前景是指照片中位于镜头前方、离拍摄者较近的元素，如果照片下方的前景显得杂乱，会影响照片的整体效果。下面介绍去除风光照片中杂乱前景的操作方法。

步骤 01 打开一幅素材图像（素材\第4章\4.1.3.jpg），如图4-15所示。

步骤 02 可以看到，这张照片前景中的草有些杂乱，我们需要将这些杂草去除。此时，在工具箱中选取移除工具，如图4-16所示。

图4-15 素材图像

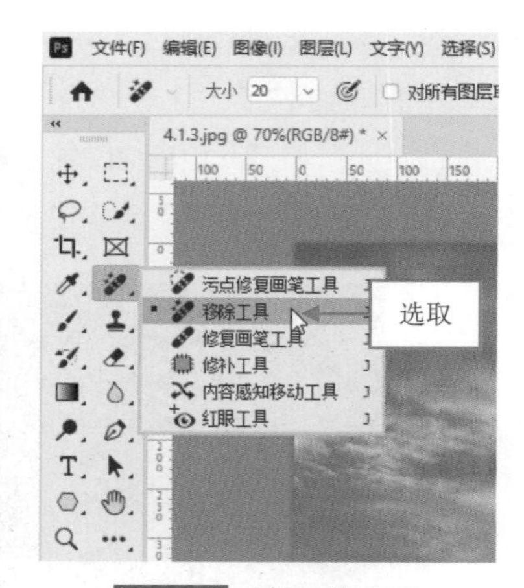

图4-16 选取移除工具

步骤 03 在工具属性栏中，单击“大小”数值框右侧的下拉按钮，在弹出的滑动条上向右拖曳滑块，设置“大小”为“125”，调整移除工具的笔触大小，如图4-17所示。

步骤 04 将鼠标指针移至图像编辑窗口中照片的前景区域，按住鼠标左键并拖曳，对前景中的杂草进行涂抹，如图4-18所示。

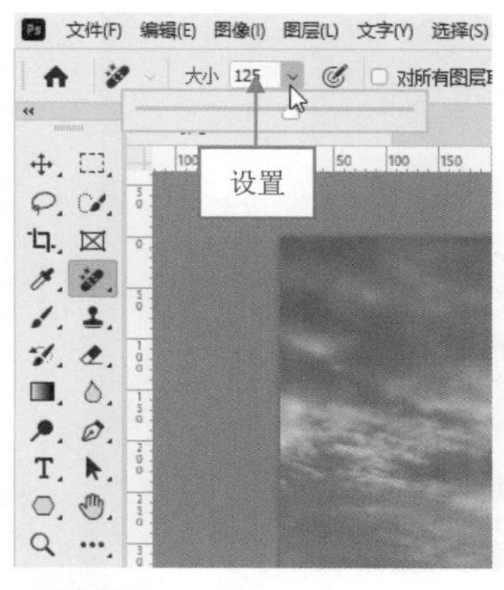

图4-17 设置“大小”为“125”

图4-18 对前景中的杂草进行涂抹

步骤 05 拖曳至合适位置后，释放鼠标左键，即可自动对图像进行修饰处理，使风光照片显得更加干净，画面更具有吸引力，效果如图4-19所示。

图4-19 最终效果

4.1.4 去除画面中多余的汽车

在风光照片中，如果汽车影响了整体的画面效果，此时可以去除画面中多余的汽车，具体操作步骤如下。

步骤 01 打开一幅素材图像（素材\第4章\4.1.4.jpg），如图4-20所示。在这张照片中，我们应该把视觉重点放在近处的橘黄色芦苇和远处的风电站上，因此画面中的汽车可以去除。

图4-20 素材图像

步骤 02 运用套索工具在汽车位置创建一个不规则的选区，如图4-21所示。

图4-21　创建一个不规则的选区

步骤 03 在工具栏中单击“创成式填充”按钮，然后单击“生成”按钮，即可去除画面中多余的汽车元素，效果如图4-22所示。

图4-22　最终效果

4.1.5　去除公路上的白色道路线

如果觉得某些公路上的道路线不美观，此时可以去除公路上的道路线，使画面更具表现力。下面介绍去除公路上的白色道路线的操作方法。

图4-23　素材图像

步骤 01 打开一幅素材图像（素材\第4章\4.1.5.jpg），如图4-23所示。

步骤 02 运用多边形套索工具在道路线的位置创建一个不规则的选区，如图4-24所示。

步骤 03 在工具栏中单击“创成式填充”按钮，然后单击“生成”按钮，即可去除画面中的道路线，效果如图4-25所示。

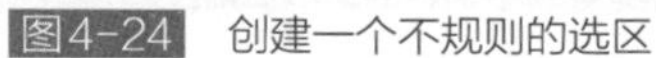
图4-24 创建一个不规则的选区

图4-25 最终效果

4.1.6 去除天空中多余的电线

当我们拍摄风光照片的时候，如果照片上方有电线，是非常影响画面美观度的，此时可以在Photoshop中运用移除工具去除天空中多余的电线，具体操作步骤如下。

图4-26 素材图像

步骤 01 打开一幅素材图像（素材\第4章\4.1.6.jpg），如图4-26所示。

步骤 02 在工具箱中选取移除工具，在工具属性栏中设置“大小”为“45”，调整移除工具的笔触大小，如图4-27所示。

步骤 03 将鼠标指针移至图像编辑窗口上方的电线处，按住鼠标左键并拖曳，沿着电线的位置进行涂抹，如图4-28所示。

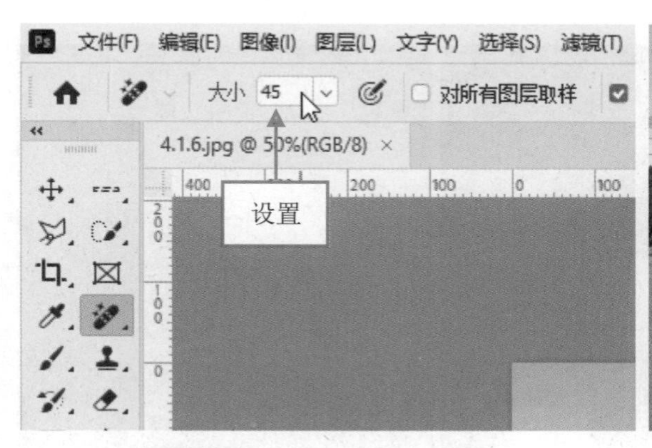

图4-27 调整移除工具的笔触大小

图4-28 沿着电线的位置进行涂抹

步骤 04 释放鼠标左键，即可去除天空中的电线，如图4-29所示。

步骤 05 用上述同样的方法，去除天空中的其他电线，效果如图4-30所示。

图4-29　去除天空中的电线

图4-30　最终效果

4.1.7　去除照片上的水印文字

当我们需要将拍摄的作品上传至媒体网站时，有些网站平台会要求用户去除照片上的水印。下面介绍去除照片上的水印文字的操作方法。

步骤 01 打开一幅素材图像（素材\第4章\4.1.7.jpg），如图4-31所示。

步骤 02 选取工具箱中的矩形选框工具，通过鼠标拖曳的方式，在图像中的水印处创建一个矩形选区，如图4-32所示。

步骤 03 在工具栏中单击“创成式填充”按钮，然后单击“生成”按钮，如图4-33所示。

步骤 04 执行操作后，即可去除照片上的水印文字，效果如图4-34所示。

图4-31　素材图像

图4-32　创建一个矩形选区

图4-33　单击“生成”按钮

图4-34　去除照片上的水印文字

4.1.8 给风景照片添加水面倒影

在风景照片中添加水面倒影效果，可以使照片呈现出天空之镜的奇观美景。下面介绍给风景照片添加水面倒影的操作方法。

步骤 01 打开一幅素材图像（素材\第4章\4.1.8.jpg），如图4-35所示。

步骤 02 单击“图像”|“画布大小”命令，弹出“画布大小”对话框，选择相应的定位方向，并设置“高度”为“3000像素”，如图4-36所示。

步骤 03 单击“确定”按钮，即可扩展画布下方的区域，如图4-37所示。

图4-35 素材图像

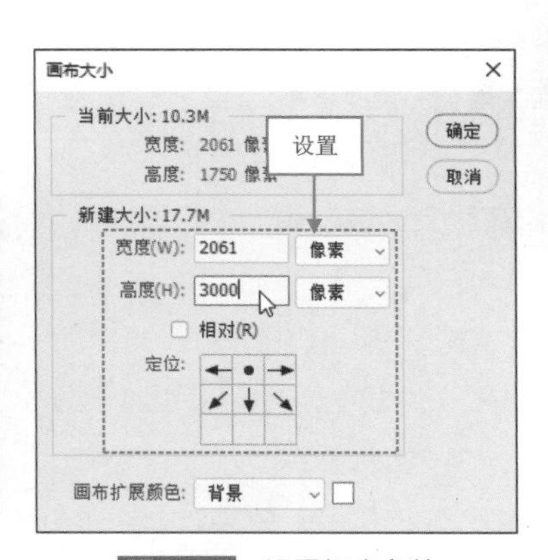

图4-36 设置相应参数

图4-37 扩展画布下方的区域

步骤 04 选取工具箱中的矩形选框工具，通过鼠标拖曳的方式，在图像下方创建一个矩形选区，如图4-38所示。

步骤 05 在工具栏中单击“创成式填充”按钮，输入关键词“inverted image”（倒影），单击“生成”按钮，如图4-39所示。

步骤 06 稍等片刻，即可为风景照片添加水面倒影，效果如图4-40所示。

图4-38 创建一个矩形选区

图4-39 单击“生成”按钮

图4-40 最终效果

4.2 / 修饰人物照片

在Photoshop中，可以使用“创成式填充”功能对人物照片进行修饰操作，如换衣服、换发型、移除背景及处理背景等，本节主要介绍修饰人物照片的方法。

4.2.1 快速给人物换衣服

使用Photoshop中的“创成式填充”功能给人物换装非常轻松，而且换装效果很自然，具体操作步骤如下。

步骤 01 打开一幅素材图像（素材\第4章\4.2.1.jpg），如图4-41所示。

步骤 02 使用矩形选框工具在服装区域创建一个矩形选区，如图4-42所示。

步骤 03 在工具栏中单击“创成式填充”按钮，输入关键词“Yellow dress”（黄色连衣裙），单击“生成”按钮，如图4-43所示。

步骤 04 执行操作后，即可更换人物的服装，效果如图4-44所示。

图4-41 素材图像

图4-42 创建一个矩形选区

图4-43 单击“生成”按钮

图4-44 最终效果

4.2.2 快速给人物换发型

如果用户觉得照片中的人物发型不好看，此时使用“创成式填充”功能可以给人物快速更换一个漂亮的发型，具体操作步骤如下。

步骤 01 打开一幅素材图像（素材\第4章\4.2.2.jpg），如图4-45所示。

步骤 02 使用套索工具在人物头发区域创建一个不规则选区，如图4-46所示。

图4-45 素材图像

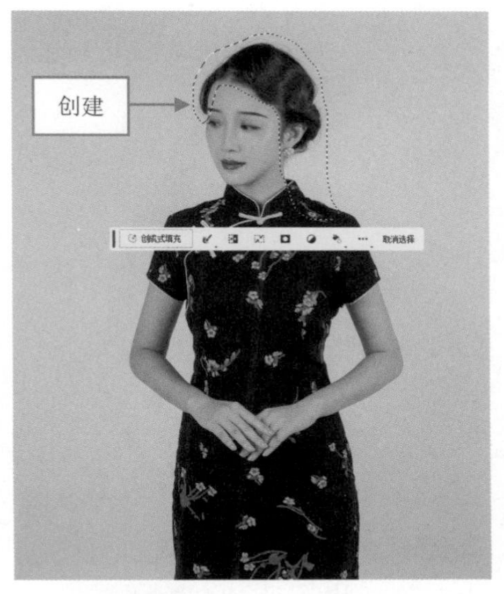

图4-46 创建一个不规则选区

步骤 03 在工具栏中单击“创成式填充”按钮，输入关键词“Long hair fluttering”（长发飘飘），单击“生成”按钮，如图4-47所示。

步骤 04 执行操作后，即可更换人物的发型，效果如图4-48所示。

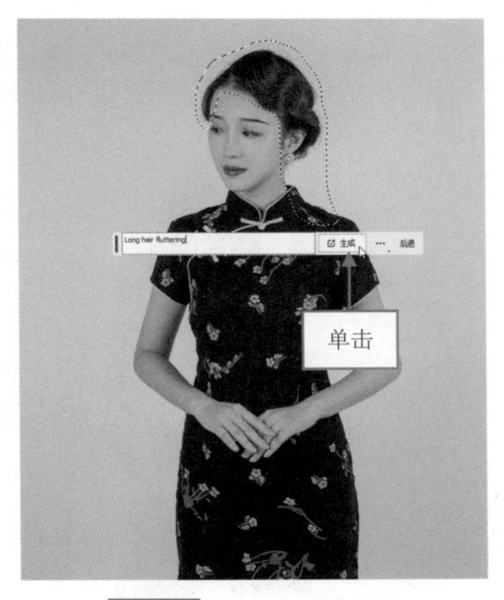

图4-47 单击“生成”按钮

图4-48 最终效果

4.2.3 快速移除人物的背景

如果用户需要将照片中的人物抠出来，然后放进其他背景图像中进行合成处理，此时可以通过以下方法快速移除人物的背景。

步骤 01 打开一幅素材图像（素材\第4章\4.2.3.jpg），如图4-49所示。

步骤 02 在下方工具栏中，单击“移除背景”按钮，如图4-50所示。

图4-49 素材图像

图4-50 单击“移除背景”按钮

步骤 03 执行操作后，即可移除图像中的人像背景，人物被轻松地抠出来了，抠图效果还不错，如图4-51所示。

步骤 04 我们可以在PS中新建一个图层，为图层填充淡蓝色（RGB参数值分别为209、236、249），给人物添加一个纯色的背景，并调整图层的顺序，效果如图4-52所示。

图4-51 移除图像中的人像背景

图4-52 最终效果

4.2.4 处理婚纱照片的背景

如果拍摄的婚纱照片背景不好看，此时可以在Photoshop中更换婚纱照片的背景，具体操作步骤如下。

步骤 01 打开一幅素材图像（素材\第4章\4.2.4.jpg），如图4-53所示。

步骤 02 在工具栏中单击“选择主体”按钮，创建主体人物选区，如图4-54所示。

步骤 03 单击“选择”|“反选”命令，选择人物的背景区域，如图4-55所示。

图4-53 素材图像

图4-54 创建主体人物选区

图4-55 选择人物的背景区域

步骤 04 在工具栏中单击“创成式填充”按钮，输入关键词“Seaside scenery”（海边风光），单击“生成”按钮，如图4-56所示。

步骤 05 执行操作后，即可为婚纱照片生成海边风光的背景效果，再次单击工具栏中的“生成”按钮，可以重新生成其他的海边背景样式，效果如图4-57所示。

图4-56 单击“生成”按钮

图4-57 最终效果

4.3 / 修饰产品照片

借助Photoshop的“创成式填充”功能，通过巧妙的设计和优化，可以打造引人注目的电商产品效果，从修图、排版到创意设计，对每个细节都进行精心雕琢，以突出产品特点、增强吸引力。本节主要介绍修饰产品照片的操作方法。

4.3.1 去除产品上多余的瑕疵

如果产品上有瑕疵，会影响产品的宣传和营销效果，此时需要去除产品上多余的瑕疵，具体操作步骤如下。

步骤 01 打开一幅素材图像（素材\第4章\4.3.1.jpg），如图4-58所示。

步骤 02 选取工具箱中的矩形选框工具，通过鼠标拖曳的方式，在花瓶底部的黑色污点处创建一个矩形选区，如图4-59所示。

图4-58 素材图像

图4-59 创建一个矩形选区

步骤 03 在工具栏中单击“创成式填充”按钮，然后单击“生成”按钮，如图4-60所示。

步骤 04 执行操作后，即可去除产品上多余的瑕疵，效果如图4-61所示。

图4-60 单击“生成”按钮

图4-61 最终效果

4.3.2 创建多个不同角度的产品

我们在做电商广告图时，可以使用“创成式填充”功能在画面中快速添加一些不同角度的产品对象，使广告效果更具吸引力，具体操作步骤如下。

步骤 01 打开一幅素材图像（素材\第4章\4.3.2.jpg），如图4-62所示。

步骤 02 选取工具箱中的矩形选框工具⬚，在右下方创建一个矩形选区，单击“创成式填充”按钮，如图4-63所示。

图4-62 素材图像

图4-63 单击“创成式填充”按钮

步骤 03 在工具栏左侧的输入框中输入关键词“diamond ring”（钻戒），单击“生成”按钮，如图4-64所示。

步骤 04 执行操作后，即可创建不同角度的产品图，效果如图4-65所示。

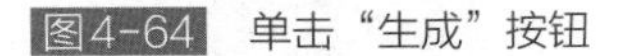

图4-64 单击“生成”按钮

图4-65 最终效果

4.3.3 给产品更换一个背景效果

当用户做好广告图片后，如果觉得背景效果不太满意，可以使用“创成式填充”功能快速修改广告背景，具体操作方法如下。

步骤 01 打开一幅素材图像（素材\第4章\4.3.3.jpg），如图4-66所示。

步骤 02 在下方的工具栏中单击“选择主体”按钮，如图4-67所示。

图4-66　打开素材图片

图4-67　单击“选择主体”按钮

步骤 03　执行操作后，即可在主体上创建一个选区，如图4-68所示。

步骤 04　在选区下方的工具栏中单击“反相选区”按钮，如图4-69所示。

图4-68　在主体上创建一个选区

图4-69　单击“反相选区”按钮

步骤 05　执行操作后，即可反选选区，单击“创成式填充”按钮，如图4-70所示。

步骤 06　在工具栏中输入相应关键词，单击“生成”按钮，如图4-71所示。

图4-70　单击“创成式填充”按钮

图4-71　单击“生成”按钮

步骤 07　执行操作后，即可改变背景效果，在工具栏中单击“下一个变体”按钮，如图4-72

所示。

步骤 08 执行操作后，即可更换其他的背景样式，效果如图4-73所示。

图4-72 单击“下一个变体”按钮

图4-73 更换其他的背景样式

步骤 09 如果用户对于生成的背景效果不满意，此时再次单击工具栏中的“生成”按钮，可以重新生成其他的背景样式，效果如图4-74所示。

图4-74 重新生成其他的背景样式

4.4 / 修饰动物照片

动物是人类的好伙伴、好朋友，我们经常会拿起手机或相机拍摄一些有趣的动物照片，有时候前期的拍摄效果并不理想，后期修饰动物照片是为了提高照片的质量和表现力。

虽然，在拍摄时可以尽可能地调整相机设置和环境条件，但后期处理可以提供更多的机会来改善照片的细节，从而增强动物照片的吸引力和艺术性。本节主要介绍在Photoshop中修饰动物照片的操作方法。

4.4.1 给动物照片更换一个背景效果

在前期拍摄时，如果照片中的动物背景不美观，此时可以在Photoshop中给动物更换一个背景效果，使动物更具视觉吸引力。下面介绍给动物更换背景效果的操作方法。

步骤 01 打开一幅素材图像（素材\第4章\4.4.1.jpg），如图4-75所示。

步骤 02 在工具栏中单击“选择主体”按钮，创建动物选区，如图4-76所示。

图4-75 素材图像

图4-76 创建动物选区

步骤 03 单击“选择”|“反选”命令，选择动物的背景区域，如图4-77所示。

步骤 04 在工具栏中单击“创成式填充”按钮，输入关键词“Seaside scenery”（海边风光），单击“生成”按钮，如图4-78所示。

图4-77 选择动物的背景区域

图4-78 单击“生成”按钮

步骤 05 执行操作后，即可为动物照片生成海边风光的背景效果，再次单击工具栏中的“生成”按钮，可以重新生成其他的海边背景样式，效果如图4-79所示。

图4-79　最终效果

4.4.2　去除动物照片上的多余元素

在拍摄的动物照片中，如果背景元素过多会影响动物主体的表达，干净、简洁的动物背景可以为照片带来一种温馨和平静的感觉。下面介绍去除动物照片上多余元素的操作方法。

步骤 01　打开一幅素材图像（素材\第4章\4.4.2.jpg），如图4-80所示。

步骤 02　在工具箱中选取移除工具，在工具属性栏中设置“大小”为“175”，调整移除工具的笔触大小，如图4-81所示。

图4-80　素材图像

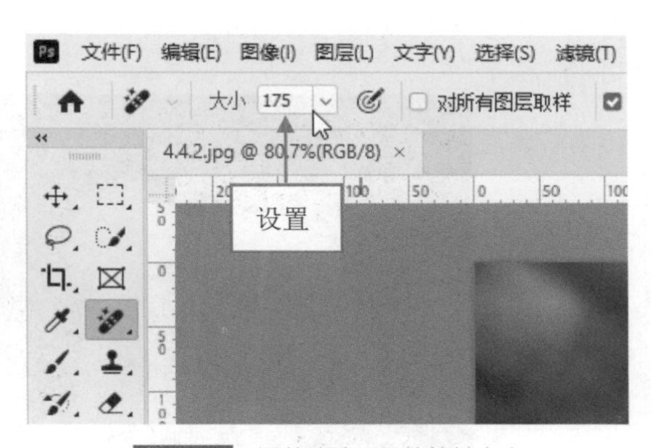

图4-81　调整移除工具的笔触大小

步骤 03　将鼠标指针移至图像编辑窗口右侧的人物虚影处，按住鼠标左键并拖曳，沿着人物虚影的位置进行涂抹，如图4-82所示。

步骤 04　释放鼠标左键，即可去除背景中的人物虚影，如图4-83所示。

步骤 05　用上述同样的方法，去除背景中的其他多余元素，使动物照片的背景保持干净、简洁，使主体更加突出，效果如图4-84所示。

图4-82　沿着人物虚影的位置进行涂抹

图4-83 去除背景中的人物虚影

图4-84 最终效果

本章小结

本章主要讲解了使用“创成式填充”功能与移除工具进行修图的操作方法，包括修饰风景照片、修饰人物照片、修饰产品照片及修饰动物照片等内容，每个案例的步骤讲解都非常详细。通过本章的学习，读者可以灵活使用“创成式填充”功能与移除工具进行修图处理，使图像作品更加美观、惊艳。

课后习题

鉴于本章知识的重要性，为了帮助读者更好地掌握所学知识，下面将通过上机习题，帮助读者进行简单的知识回顾和补充。

本习题需要掌握将动物照片背景更换为草地的方法，素材与效果对比如图4-85所示。

图4-85 素材与效果对比

第5章 轻松调色：图像的色彩调整与处理

通过相机或手机拍摄人物、景物或动物时，难免会受到周围环境的影响，造成照片失去原有的色彩或产生偏色。因此，掌握色彩的调整很重要。Photoshop 拥有多种强大的色彩调整功能，还可以使用 AI 人工智能来调整图像的色彩。本章主要介绍调整与处理图像色彩的操作方法。

5.1 / 自动校正图像的色彩

调整图像色彩，可以通过“自动色调”“自动颜色”及“自动对比度”等命令实现。本节主要介绍自动校正图像色彩的操作方法。

5.1.1 自动调整图像色调

“自动色调”命令可以将每个颜色通道中最亮和最暗的像素分别设置为白色和黑色，并将中间色调按比例重新分布。下面介绍运用“自动色调”命令调整图像的操作方法。

步骤 01 打开一幅素材图像（素材\第5章\5.1.1.jpg），如图5-1所示。

步骤 02 在菜单栏中，单击“图像”|“自动色调”命令，如图5-2所示。

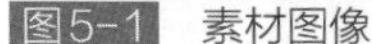

图5-1 素材图像

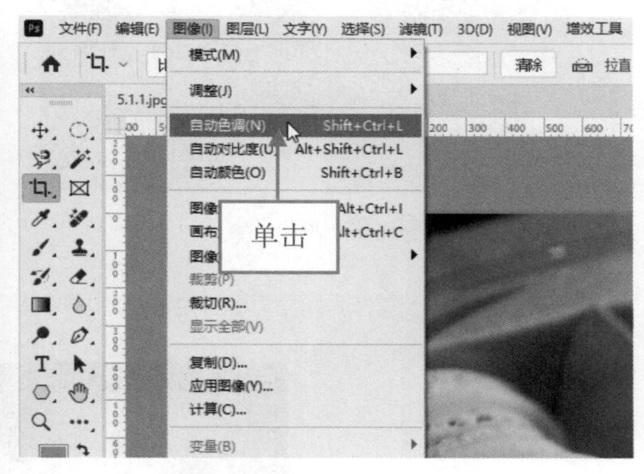

图5-2 单击“自动色调”命令

步骤 03 执行操作后，即可自动调整图像色调，效果如图5-3所示。

> **温馨提示**
>
> 除了可以运用菜单栏中的“自动色调”命令调整图像色彩外，用户还可以按【Shift+ Ctrl+L】组合键，快速调用“自动色调”命令。

图5-3 自动调整图像色调

5.1.2 自动调整图像颜色

“自动颜色”命令可通过搜索实际图像标识暗调、中间调和高光区域，并据此调整图像的对比度和颜色。下面介绍运用“自动颜色”命令调整图像的操作方法。

步骤 01 打开一幅素材图像（素材\第5章\5.1.2.jpg），如图5-4所示。

步骤 02 在菜单栏中，单击“图像”|“自动颜色”命令，如图5-5所示。

图5-4 素材图像

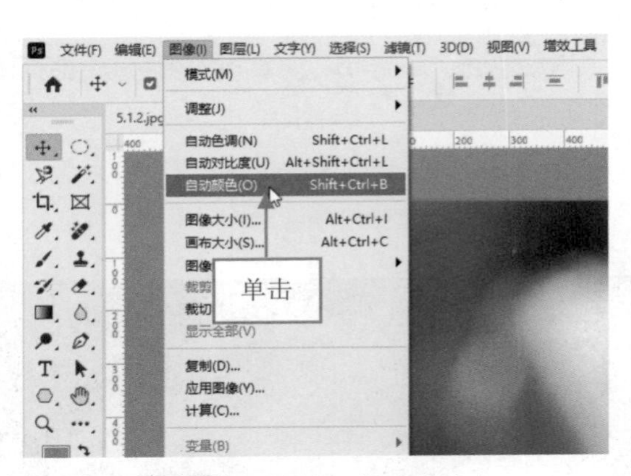

图5-5 单击“自动颜色”命令

步骤 03 执行操作后，即可自动调整图像颜色，效果如图5-6所示。

图5-6 自动调整图像颜色

“自动颜色”命令可以让系统自动对图像进行颜色校正。如果图像中有色偏或饱和度过高的现象，均可以使用该命令进行自动调整。除了可以运用“自动颜色”命令调整图像偏色外，用户还可以按【Ctrl+Shift+B】组合键，快速调整图像偏色，以自动校正颜色。默认情况下，“自动颜色”命令使用RGB参数值分别为128、128、128的灰色目标颜色来中和中间调，并将暗调和高光各像素剪切0.5%。

5.1.3　自动调整图像对比度

“自动对比度”命令可以自动调整图像中颜色的总体对比度和混合颜色，它将图像中最亮和最暗的像素映射为白色和黑色，使高光显得更亮而暗调显得更暗。下面介绍运用“自动对比度”命令调整图像的操作方法。

步骤 01　打开一幅素材图像（素材\第5章\5.1.3.jpg），如图5-7所示。

步骤 02　在菜单栏中，单击“图像”|“自动对比度”命令，如图5-8所示。

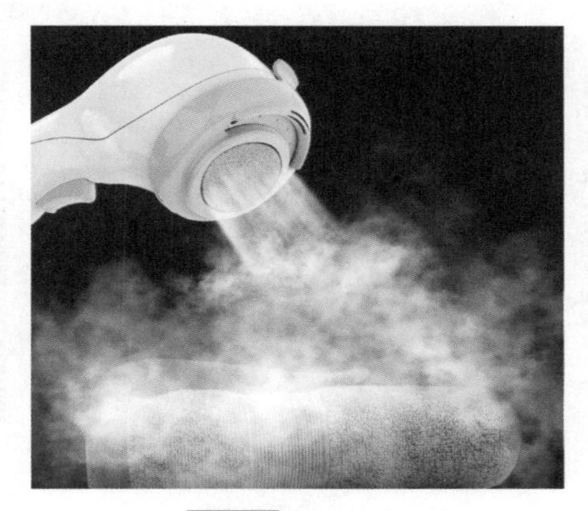

图5-7　素材图像

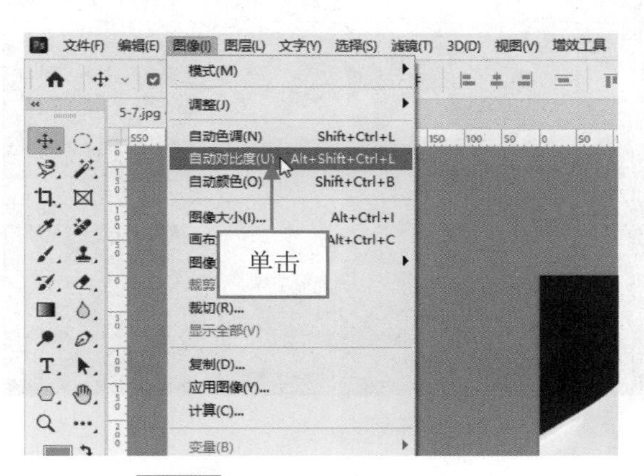

图5-8　单击“自动对比度”命令

步骤 03　执行操作后，即可自动调整图像对比度，效果如图5-9所示。

图5-9　自动调整图像对比度

温馨提示

除了可以运用“自动对比度”命令调整图像对比度外，用户还可以按【Alt+Shift+Ctrl+L】组合键，快速调整图像对比度。“自动对比度”命令会自动将图像最深的颜色加强为黑色，最亮的部分加强为白色，以增强图像的对比度，此命令对于连续调的图像效果相当明显，而对于单色或颜色不丰富的图像几乎不产生作用。

5.2 / 图像的影调与色调处理

调整图像影调与色彩的方法有很多种，本节主要向读者介绍使用“亮度/对比度”命令、“色相/饱和度”命令、“可选颜色”命令、“替换颜色”命令及渐变工具调整图像色彩的操作方法。

5.2.1 调整画面整体曝光

“亮度/对比度”命令主要对图像每个像素的亮度或对比度进行调整，此调整方式方便、快捷，但不适用于较为复杂的图像。下面介绍运用“亮度/对比度”命令调整画面整体曝光的操作方法。

步骤 01 打开一幅素材图像（素材\第5章\5.2.1.jpg），如图5-10所示。

步骤 02 在菜单栏中，单击“图像”|“调整”|“亮度/对比度”命令，如图5-11所示。

图5-10 素材图像

图5-11 单击“亮度/对比度”命令

步骤 03 弹出“亮度/对比度”对话框，在其中设置“亮度”为“54”、“对比度”为“18”，如图5-12所示。

步骤 04 单击“确定”按钮，即可调整图像亮度和对比度，效果如图5-13所示。

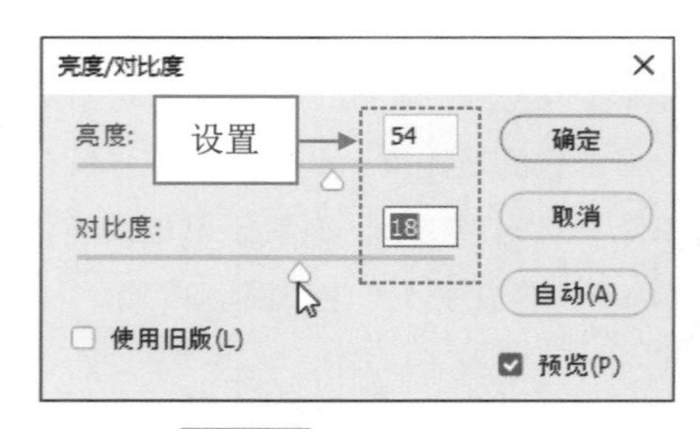

图5-12 设置相应参数

图5-13 调整图像亮度和对比度后效果

在“亮度/对比度”对话框中，各主要选项含义如下。

◆ 亮度：用于调整图像的亮度。该值为正时增加图像亮度，为负时降低亮度。

◆ 对比度：用于调整图像的对比度。该值为正值时增加图像对比度，负值时降低对比度。

5.2.2 调整图像的色相与饱和度

在Photoshop中，“色相/饱和度”命令可以调整整幅图像或单个颜色分量的色相、饱和度和亮度值，还可以同步调整图像中所有的颜色。下面介绍运用“色相/饱和度”命令调整图像色相与饱和度的操作方法。

步骤 01 打开一幅素材图像（素材\第5章\5.2.2.jpg），如图5-14所示。

步骤 02 单击“图像”|“调整”|“色相/饱和度”命令，弹出“色相/饱和度”对话框，单击“预设”右侧的下拉按钮，在弹出的列表框中选择“自定”选项，如图5-15所示。

图5-14 素材图像

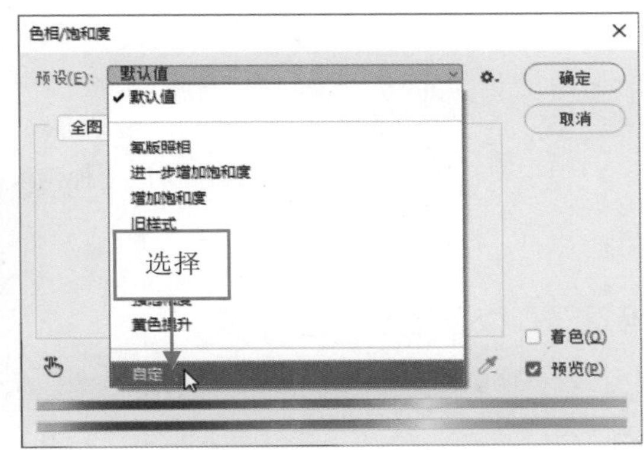

图5-15 选择“自定”选项

步骤 03 在对话框中设置“色相”为“21”、“饱和度”为“34”，如图5-16所示，校正图像的颜色，使画面色彩更符合要求。

除了可以运用“色相/饱和度”命令调整图像色相外，用户还可以按【Ctrl+U】组合键，快速调用“色相/饱和度”命令。

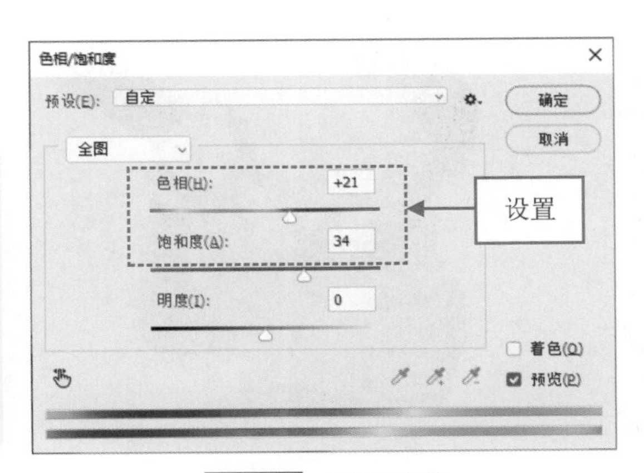

图5-16 设置各参数

步骤 04 单击“确定”按钮，即可调整图像色相，效果如图5-17所示。

图5-17 调整图像色相后效果

温馨提示

在“色相/饱和度”对话框中，各主要选项含义如下。

◆ 预设：在“预设”列表框中共有8种色相/饱和度预设。

◆ 通道：在“通道”列表框中可以选择全图、红色、黄色、绿色、青色、蓝色和洋红通道，进行色相、饱和度和明度的参数调整。

◆ 着色：选中该复选框后，图像会整体偏向于单一的红色调。

◆ 在图像上单击并拖动可修改饱和度：使用该工具在图像上单击设置取样点以后，向右拖曳鼠标可以增加图像的饱和度；向左拖曳鼠标可以降低图像的饱和度。

5.2.3 校正图像颜色平衡

在处理图像时，由于光线、拍摄设备等因素，经常会使拍摄的图像颜色出现不平衡的情况，这时可使用“可选颜色”命令校正图像色彩平衡。下面介绍通过“可选颜色”命令校正图像颜色平衡的操作方法。

步骤 01 打开一幅素材图像（素材\第5章\5.2.3.jpg），如图5-18所示。

步骤 02 在菜单栏中，单击“图像”|“调整”|“可选颜色”命令，如图5-19所示。

图5-18 素材图像

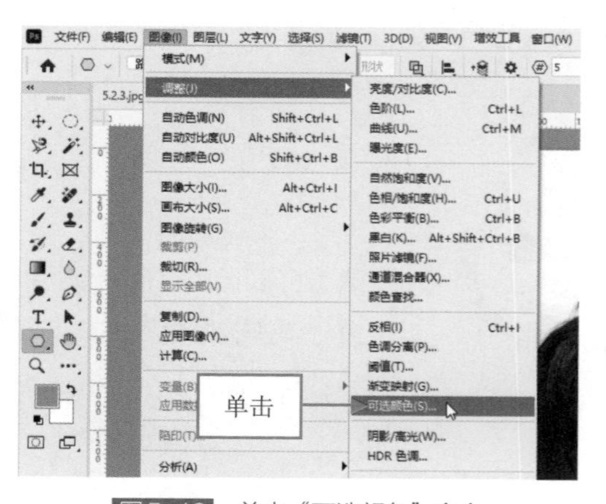

图5-19 单击“可选颜色”命令

步骤 03 弹出“可选颜色”对话框，设置“青色”为“-14%”、“洋红”为“-31%”、“黄色”为“-94%”、“黑色”为“5%”，如图5-20所示。

步骤 04 单击“确定”按钮，即可校正图像颜色，效果如图5-21所示。

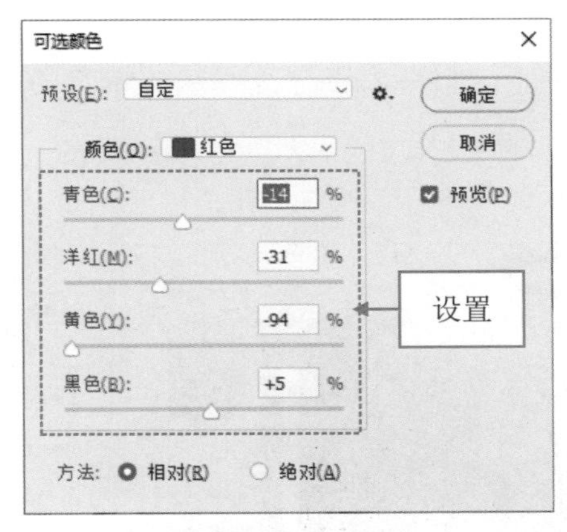

图5-20 设置参数值

图5-21 最终效果

温馨提示

在“可选颜色”对话框中，各主要选项含义如下。

◆ 预设：可以使用系统预设的参数对图像进行调整。

◆ 颜色：可以选择要改变的颜色，然后通过下方的“青色”“洋红”“黄色”“黑色”滑块对选择的颜色进行调整。

◆ 方法：该选项区包括“相对”和“绝对”两个单选按钮，选中“相对”单选按钮，表示设置的颜色为相对于原颜色的改变量，即在原颜色的基础上增加或减少某种印刷色的含量；选中“绝对”单选按钮，则直接将原颜色校正为设置的颜色。

5.2.4 替换图像中的色彩

在拍摄商品图像时，经常会受拍摄设备影响，导致商品图像和商品本身存在色差，这时可通过“替换颜色”命令替换商品图像颜色。下面介绍通过“替换颜色”命令替换商品图像色彩的操作方法。

步骤 01 打开一幅素材图像（素材\第5章\5.2.4.jpg），如图5-22所示。

步骤 02 在菜单栏中单击“图像”|“调整”|“替换颜色”命令，如图5-23所示。

图5-22 打开素材图像

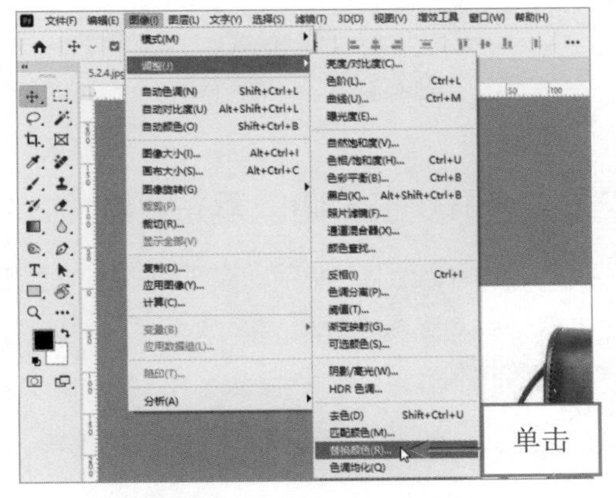

图5-23 单击“替换颜色”命令

步骤 03 弹出"替换颜色"对话框，设置"颜色容差"为"130"，然后在商品图像的适当位置重复单击，选中需要替换的颜色，如图5-24所示。

步骤 04 单击"结果"色块，弹出"拾色器（结果颜色）"对话框，设置RGB参数值分别为"233""80""82"，如图5-25所示。

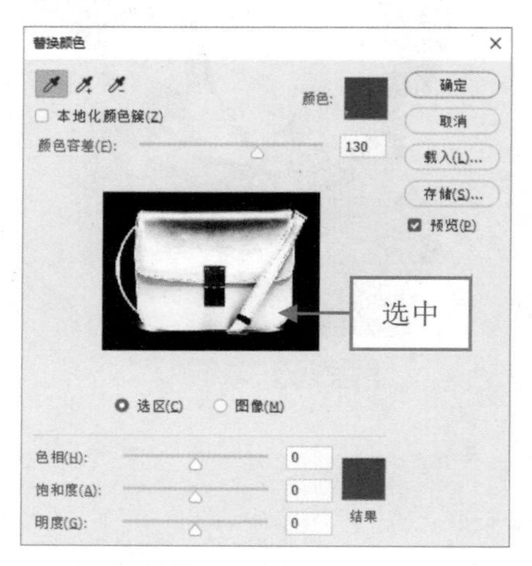

图5-24 选中需要替换的颜色

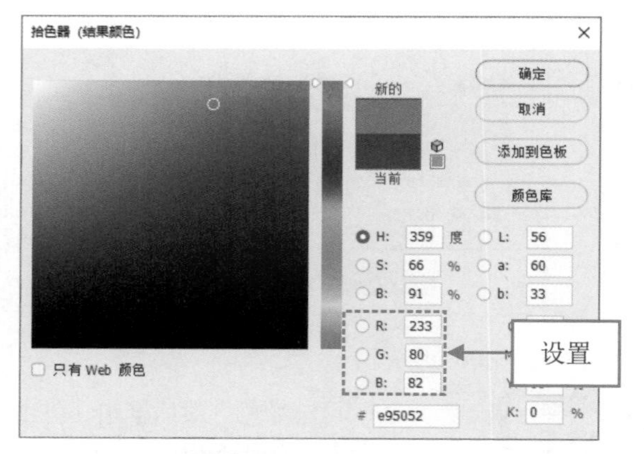

图5-25 设置RGB参数值

步骤 05 单击"确定"按钮，返回"替换颜色"对话框，设置"色相"为"15"、"饱和度"为"30"，如图5-26所示。

步骤 06 单击"确定"按钮，即可替换图像颜色，效果如图5-27所示。

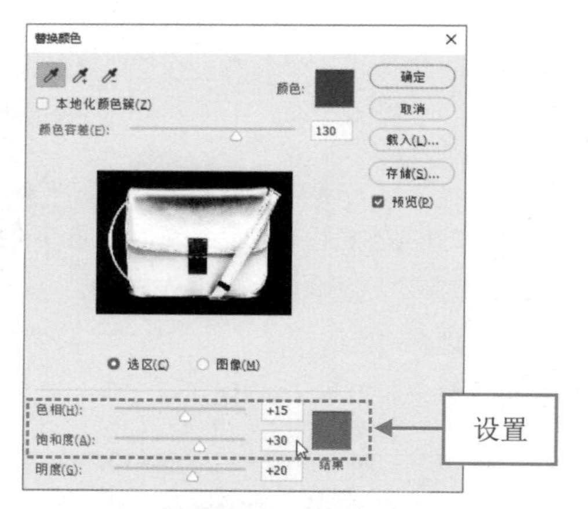

图5-26 设置参数值

图5-27 最终效果

5.2.5 用渐变工具调出柔光效果

在Photoshop中，使用渐变工具在图像上拖曳时，可以实时查看图像中的渐变效果。下面介绍使用渐变工具调出画面柔光效果的操作方法。

步骤 01 打开一幅素材图像（素材\第5章\5.2.5.jpg），如图5-28所示。

步骤 02 单击工具箱底部的前景色色块，弹出"拾色器（前景色）"对话框，在其中设置RGB参数值分别为"255""180""113"，如图5-29所示。

图5-28　素材图像

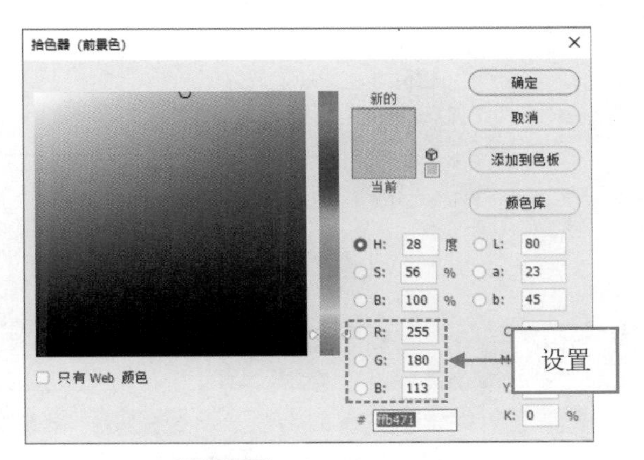

图5-29　设置RGB参数值

步骤03 单击“确定”按钮，设置前景色，在工具箱中选取渐变工具■，在工具属性栏中单击“选择和管理渐变预设”下拉按钮，在弹出的下拉列表框中，展开“基础”选项，单击“前景色到透明渐变”色块，如图5-30所示。

步骤04 将鼠标指针移至图像上，按住鼠标左键从右上角往左下角拖曳，可以实时查看渐变效果，如图5-31所示。

步骤05 在“图层”面板中，自动生成“渐变填充1”渐变图层，设置图层的混合模式为“强光”，如图5-32所示。

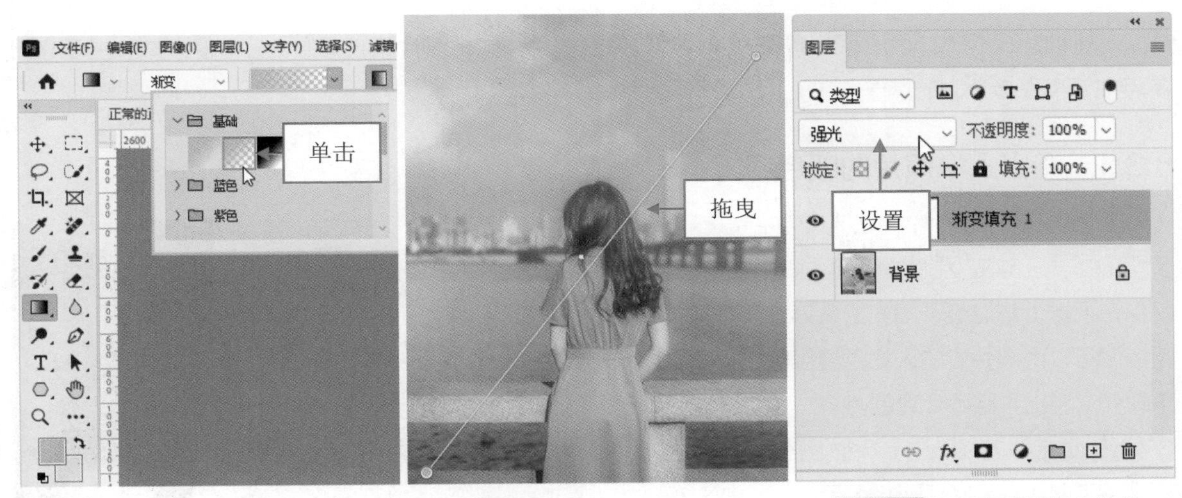

图5-30　单击“前景色到透明渐变”色块　图5-31　实时查看渐变效果　图5-32　设置图层的混合模式

步骤06 执行操作后，即可以“强光”模式呈现出画面的柔光效果，如图5-33所示。

步骤07 选择“背景”图层，单击“图像”|“调整”|“亮度/对比度”命令，弹出“亮度/对比度”对话框，在其中设置“对比度”为“61”，如图5-34所示，增强画面的明暗对比效果。

步骤08 单击“确定”按钮，查看图像的柔光效果，如图5-35所示。

图5-33 调出画面的柔光效果

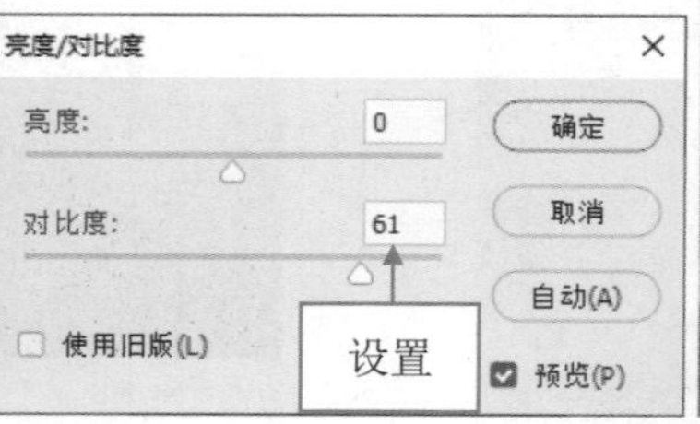

图5-34 设置“对比度”为“61”

图5-35 查看图像的柔光效果

5.3 / 通过AI人工智能调整图像色彩

在Photoshop（Beta）版中，有一个“调整”面板，其中新增了一些AI人工智能调整图像色彩的功能，有多种预设模式，用户可以调整人像照片、风景照片、创意照片等，操作十分方便。本节主要介绍使用AI调整图像色彩的操作方法。

5.3.1 调出人像照片的暖色调

暖色调的人像照片能给人一种温暖、舒适、亲切的感觉，这是因为暖色调（如橘红色、黄色等）在视觉上与温暖、阳光、火焰等元素相关联，暖色调可以为照片中的人物营造温暖的视觉氛围。下面介绍调出人像照片暖色调的方法。

图5-36 素材图像

步骤 01 打开一幅素材图像（素材\第5章\5.3.1.jpg），如图5-36所示。

步骤 02 在菜单栏中，单击“窗口”|“调整”命令，如图5-37所示。

步骤 03 弹出“调整”面板，其中包括“调整预设”“您的预设”“单一调整”3个选项，如图5-38所示。

步骤 04 单击“调整预设”选项前面的箭头符号 **>**，展开“调整预设”选项，在下方单击“更多”

按钮，如图5-39所示。

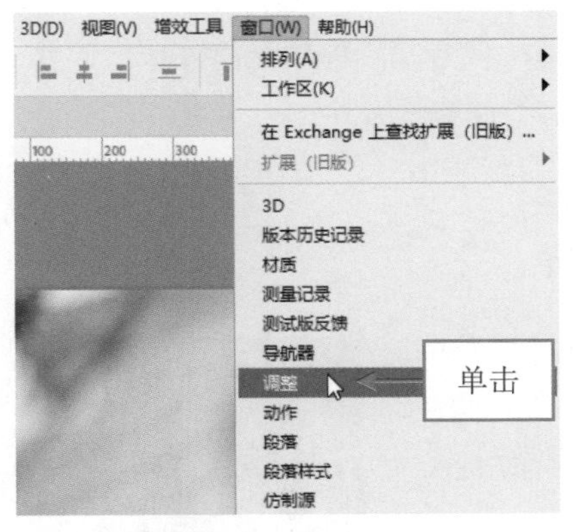

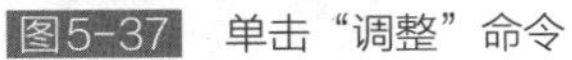
图5-37 单击“调整”命令

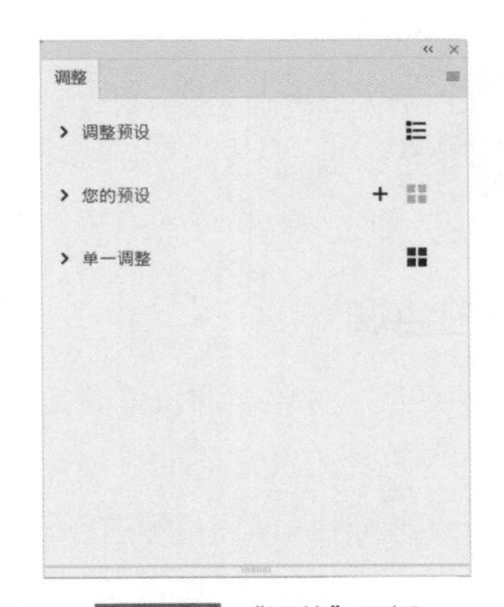

图5-38 “调整”面板

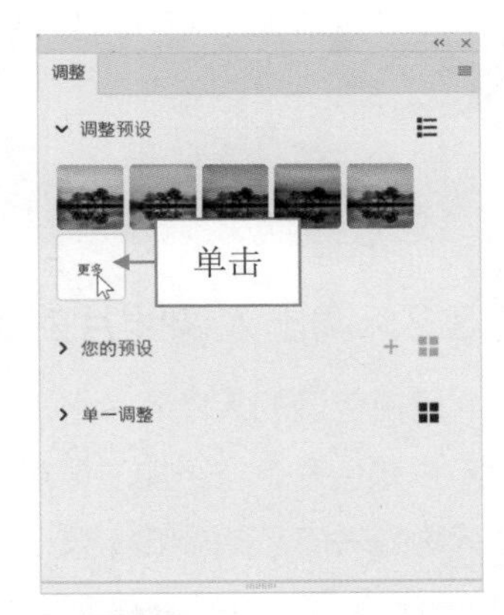

图5-39 单击“更多”按钮

步骤05 展开“人像”选项，其中包括6种人像色彩预设模式，这里选择“阳光”选项，如图5-40所示。

步骤06 执行操作后，即可将人像照片调为“阳光”风格的暖色调，效果如图5-41所示。

步骤07 用户还可以在“调整”面板中，选择“暖色”选项，如图5-42所示。

步骤08 执行操作后，即可将人像照片调为暖色调的效果，如图5-43所示。

图5-40 选择“阳光”选项

图5-41 调为“阳光”风格的暖色调

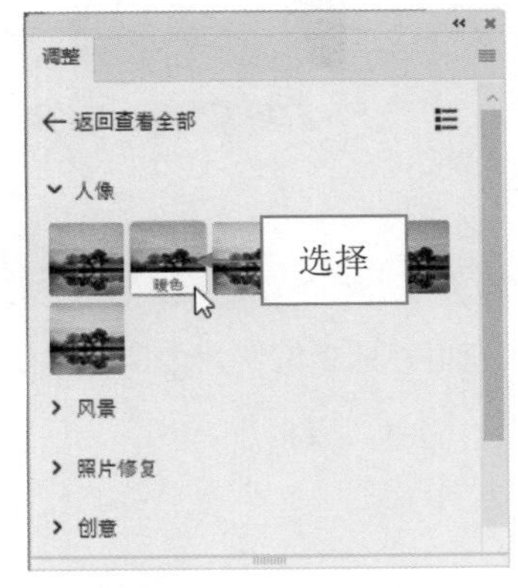

图5-42 选择“暖色”选项

图5-43 最终效果

在Photoshop中，“暖色”模式比“阳光”模式的画面色彩更暖一点，颜色更偏橘红色一些。用户在Photoshop中添加“暖色”模式后，“图层”面板中会新增一个“人像 - 暖色”的调整图层组，其中自带“照片滤镜1”调整图层。

5.3.2 调出人像照片的黑白色调

黑白色调的人像照片给人一种经典、优雅、深沉的感觉，由于黑白照片不依赖色彩，它更加注重对光影、对比度和形态的表现，从而强调照片中人物的表情、姿态和情感。下面介绍调出人像照片黑白色调的操作方法。

图5-44 素材图像

步骤 01 打开一幅素材图像（素材\第5章\5.3.2.jpg），如图5-44所示。

步骤 02 在“调整”面板中，展开“调整预设”选项，在下方单击“更多”按钮，展开“人像”选项，选择“经典黑白”选项，如图5-45所示，将人像调为黑白色调。

步骤 03 此时“图层”面板中新增了一个“人像 - 经典黑白”的调整图层组，其中包括“曲线1”和“黑白1”两个调整图层，如图5-46所示。

步骤 04 在图像编辑窗口中，可以查看人像的黑白色调，效果如图5-47所示。

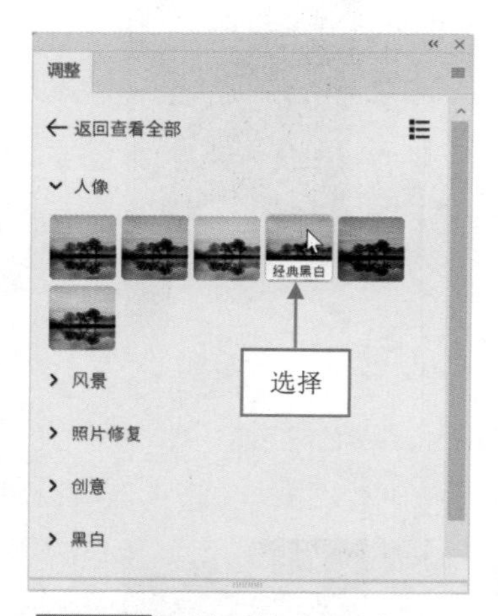

图5-45 选择“经典黑白”选项

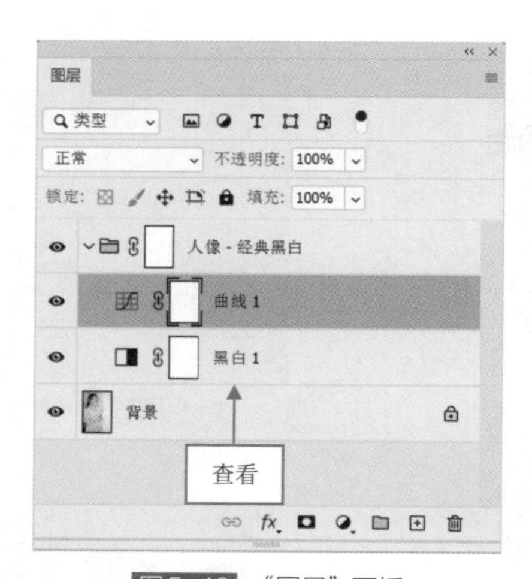

图5-46 “图层”面板

图5-47 最终效果

由于去掉了色彩的干扰，黑白照片能够更加集中地表现人物的情感和内心世界。观众通常更容易聚焦于人物的眼神、表情和姿态，从而更好地理解照片中所传递的情感。

5.3.3 凸显风光照片的明亮色彩

凸显风光照片的明亮色彩是为了增强照片的吸引力和视觉效果，以更好地表现风景的美丽和壮观。下面介绍凸显风光照片明亮色彩的操作方法。

步骤 01 打开一幅素材图像（素材\第5章\5.3.3.jpg），如图5-48所示。

步骤 02 在“调整”面板中，展开“调整预设”选项，在下方单击“更多”按钮，展开“风景”选项，选择“凸显色彩”选项，如图5-49所示，凸显风光照片的色彩。

步骤 03 在“调整”面板的“风景”选项下，选择“凸显”选项，如图5-50所示，再次凸显风光照片的色彩。

步骤 04 此时，在“图层”面板中可以查看新增的调整图层，如图5-51所示。

图5-48 素材图像

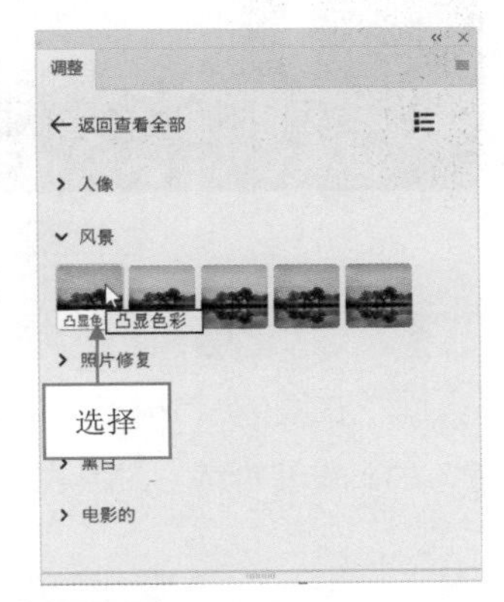

图5-49 选择“凸显色彩”选项

步骤 05 在图像编辑窗口中，可以查看凸显色彩后的风光照片效果，如图5-52所示。

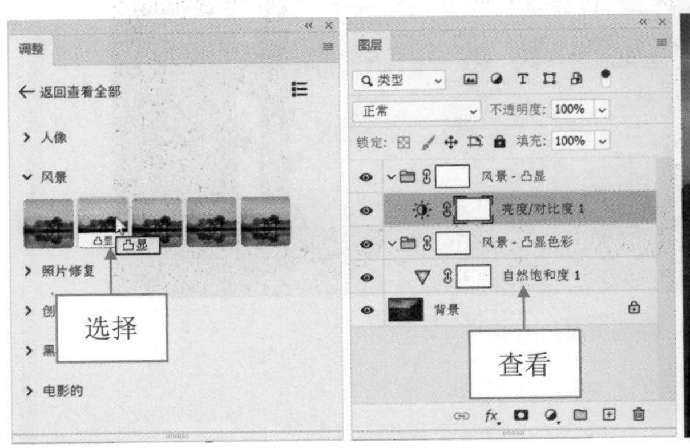

图5-50 选择“凸显”选项 图5-51 查看新增的调整图层

图5-52 查看凸显色彩后的风光照片效果

5.3.4 褪色照片调出复古氛围

在处理照片的过程中，褪色是一种特殊的后期处理技巧，它的主要用途是为照片营造一种古旧、复古的氛围，以及增加照片的艺术感和故事性。褪色的效果使照片看起来像是经过时间长久的洗刷，色彩逐渐褪去，呈现出一种独特的视觉效果。下面介绍褪色照片调出复古氛围的操作方法。

步骤 01 打开一幅素材图像（素材\第5章\5.3.4.jpg），如图5-53所示。

步骤 02 在“调整”面板中，展开“调整预设”选项，在下方单击“更多”按钮，展开“风景”选项，选择“褪色”选项，如图5-54所示，对照片进行褪色处理。

图5-53 素材图像

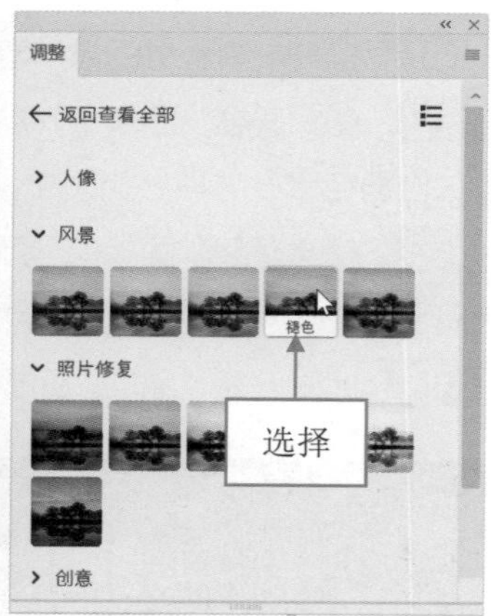

图5-54 选择“褪色”选项

步骤 03 在“图层”面板中，可以查看新增的调整图层，如图5-55所示。

步骤 04 在图像编辑窗口中，可以查看褪色后的寺庙建筑照片效果，如图5-56所示，褪色后的画面有一种古色古香的感觉，为照片赋予了历史感。

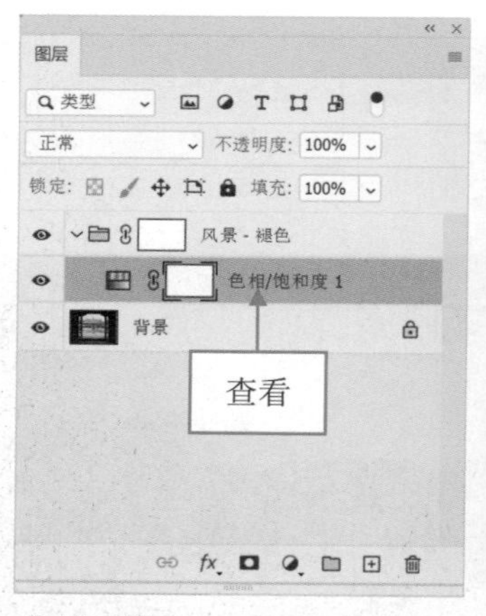

图5-55 查看新增的调整图层

图5-56 查看褪色后的照片效果

褪色的照片看起来有一种深沉的故事性，观众会联想到照片中的情节和背后的故事，这有助于让照片更加引人思考和联想。

5.3.5 快速让照片整体变亮

在Photoshop中，运用“变亮”模式可以快速让照片整体变亮，使画面细节更加清晰。下面介绍快速让照片整体变亮的操作方法。

步骤 01 打开一幅素材图像（素材\第5章\5.3.5.jpg），如图5-57所示。

步骤 02 在“调整”面板中，展开“调整预设”选项，在下方单击“更多”按钮，展开“照片修复”选项，选择“变亮”选项，如图5-58所示，对照片进行提亮处理。

图5-57 素材图像

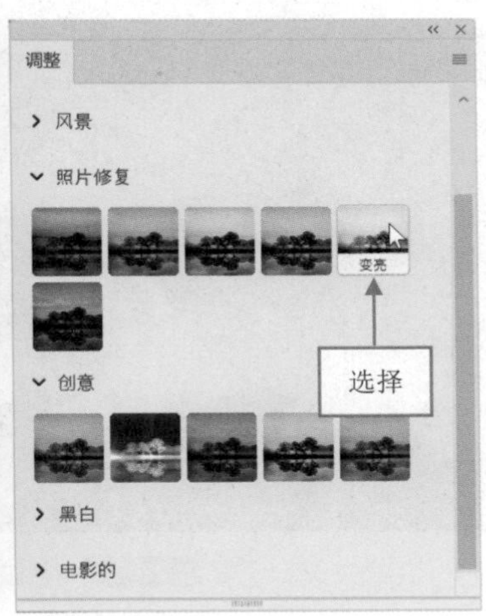

图5-58 选择“变亮”选项

步骤 03 在“图层”面板中，可以查看新增的调整图层，如图5-59所示，表示Photoshop是通过“色阶”功能来提亮照片效果的。

步骤 04 在图像编辑窗口中，可以查看变亮后的风光照片效果，如图5-60所示。

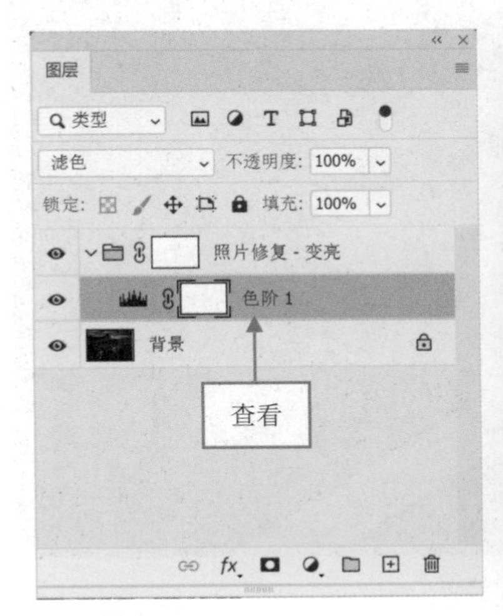

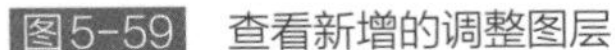

图5-59 查看新增的调整图层

图5-60 最终效果

5.3.6 调出照片忧郁蓝的效果

忧郁蓝的照片色调主要以蓝色为主，蓝色通常与冷静、忧郁、沉思等情感联系在一起，使照片渲染出一种深沉、忧郁的氛围。下面介绍调出照片忧郁蓝效果的操作方法。

步骤 01 打开一幅素材图像（素材\第5章\5.3.6.jpg），如图5-61所示。

步骤 02 在“调整”面板中，展开“调整预设”选项，在下方单击“更多”按钮，展开“电影的”选项，选择“忧郁蓝”选项，如图5-62所示，调出照片忧郁蓝的效果。

图5-61 素材图像

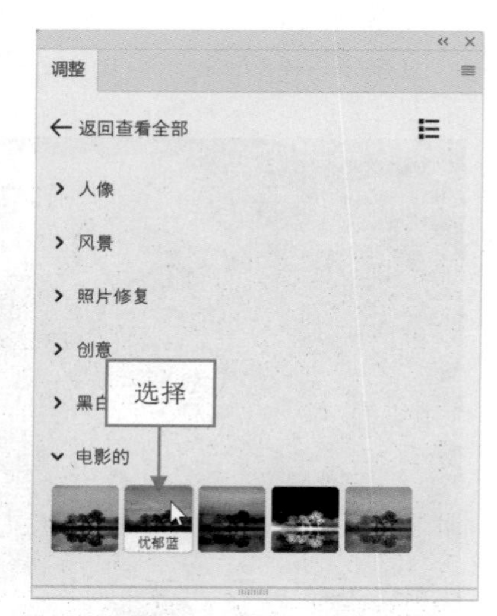

图5-62 选择“忧郁蓝”选项

步骤 03 在“图层”面板中，可以查看新增的调整图层，如图5-63所示。

步骤 04 在图像编辑窗口中，可以查看调整后的照片效果，如图5-64所示。从照片中可以看出，蓝色色调能够带来一种冷静和安静的感觉，为照片营造了一种平静的氛围。

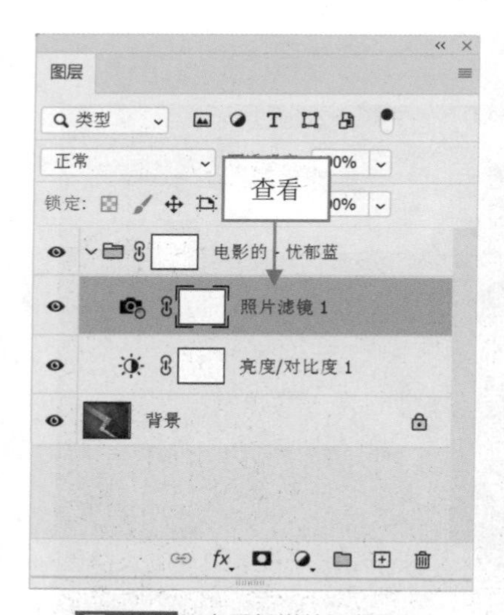

图5-63 查看新增的调整图层

图5-64 最终效果

需要注意的是，忧郁蓝的色调应该谨慎使用，因为过度使用可能会让照片显得沉闷或过于冷静，应根据照片的主题和意图选择适当的色调。

5.3.7 调出正片负冲的照片色彩

正片负冲是一种特殊的胶片处理技术，它是将一种胶片用于另一种胶片的显影过程，从而产生出与原本颜色不同的照片效果。下面介绍调出正片负冲照片色彩的操作方法。

步骤 01 打开一幅素材图像（素材\第5章\5.3.7.jpg），如图5-65所示。

步骤 02 在“调整”面板中，展开“调整预设”选项，在下方单击“更多”按钮，展开“创意”选项，选择“正片负冲”选项，如图5-66所示，调出照片的正片负冲色彩。

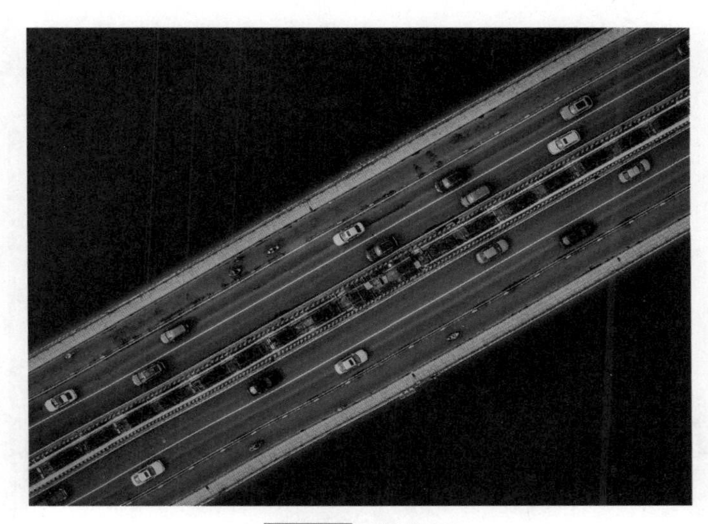

图5-65 素材图像

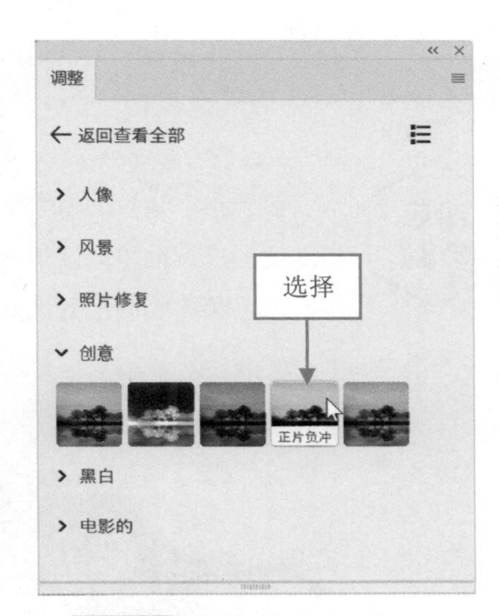

图5-66 选择“正片负冲”选项

步骤 03 在“图层”面板中，可以查看新增的调整图层，如图5-67所示，表示Photoshop是通过“曲线”功能来进行后期调色的。

步骤 04 在图像编辑窗口中，可以查看调整后的照片效果，如图5-68所示。从照片中可以看出，正片负冲会导致颜色反差增强，使照片中的色彩鲜艳、对比强烈，这种效果会使照片看起来不太真实，给人一种异国风情或超现实的感觉。

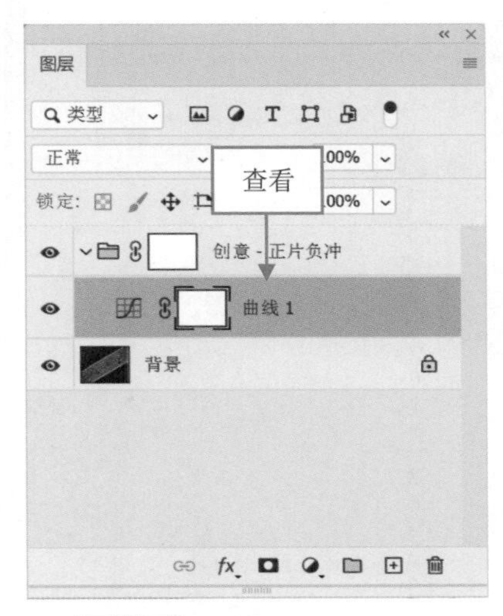

图5-67 查看新增的调整图层

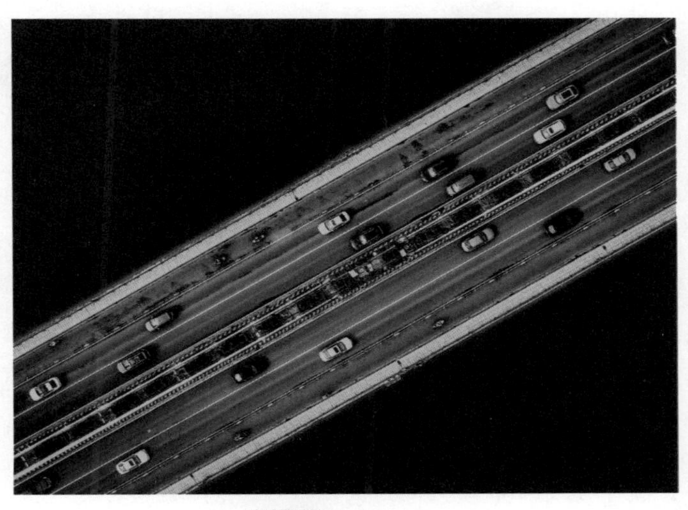

图5-68 最终效果

本章小结

本章主要讲解了调整图像色彩的各种操作方法，首先介绍了自动校正图像色彩的方法，包括自动调整图像色调、自动调整图像颜色及自动调整图像对比度等内容；然后介绍了图像影调与色调处理的方法，包括调整画面整体曝光、调整图像的色相与饱和度、校正图像颜色平衡、替换图像中的色彩等内容；最后介绍了通过AI人工智能调整图像色彩的方法，包括调出人像照片的暖色调、调出人像照片的黑白色调、凸显风光照片的明亮色彩及调出照片忧郁蓝效果等内容。通过本章的学习，读者可以熟练掌握图像的调色技巧，轻松调出满意的作品颜色。

课后习题

鉴于本章知识的重要性，为了帮助读者更好地掌握所学知识，下面将通过上机习题，帮助读者进行简单的知识回顾和补充。

本习题需要调出人像照片忧郁蓝的效果，素材与效果对比如图5–69所示。

图5-69 素材与效果对比

第6章 巧用滤镜：用AI调出极具创意的效果

Adobe Photoshop（Beta）版中新增了Neural Filters（神经网络滤镜）功能，它依靠强大的云端AI神经网络，可以将复杂的操作简单化，提高图像的编辑效率，使用该滤镜可以进行人像处理、创意处理及颜色处理等，实现了从细节修复到风格转换的全方位图像处理。本章主要介绍使用Neural Filters滤镜对照片进行后期处理的方法。

6.1 / AI人像处理功能

使用Neural Filters滤镜对人像照片进行处理时，可以将人物的皮肤处理得更加光滑，还可以对人物的面部年龄、发量、眼睛方向及妆容等进行精细处理，功能十分强大。本节主要介绍使用Neural Filters云端AI神经网络滤镜进行人像处理的操作方法。

6.1.1 对人物照片进行一键磨皮

对人物照片进行磨皮处理是一种常见的美容修饰技术，主要是为了改善人物肌肤的外观，使其看起来更加光滑、细腻和完美。下面介绍对人物照片进行一键磨皮的操作方法。

步骤01 打开一幅素材图像（素材\第6章\6.1.1.jpg），如图6-1所示。

步骤02 在菜单栏中，单击“滤镜”|“Neural Filters”命令，如图6-2所示。

图6-1 素材图像

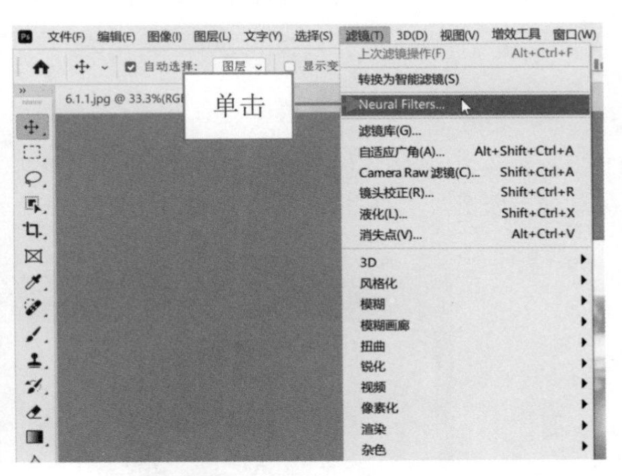

图6-2 单击Neural Filters命令

步骤03 执行操作后，在左侧图像编辑窗口中自动框选了人物脸部，在右侧将弹出“Neural Filters”面板，在“所有筛选器”下方显示可以调整的AI功能，如图6-3所示。

图6-3　弹出“Neural Filters”面板

步骤04　在“所有筛选器”下方的“人像”选项区，单击“皮肤平滑度”右侧的开关按钮，打开该功能，按钮呈显示，此时人物脸部的皮肤已经得到了部分改善；在右侧可以查看“皮肤平滑度”可调节的参数，如“模糊”参数和“平滑度”参数，如图6-4所示。

图6-4　查看“皮肤平滑度”可调节的参数

步骤05　向右拖曳“模糊”滑块，设置参数为“91”，设置皮肤的模糊程度，使皮肤上的粗糙感没有那么明显了，皮肤得到改善；向右拖曳“平滑度”右侧的滑块，设置参数为“40”，使皮肤更加光滑，如图6-5所示。

图6-5　设置各参数

步骤 06 设置完成后，单击下方的“确定”按钮，即可对人物进行一键磨皮处理，按【Ctrl+D】组合键取消选区，效果如图6-6所示。

图6-6 最终效果

6.1.2 处理人物的肖像与表情

在“Neural Filters”面板中，通过修改人脸的面部年龄、发量、表情及光线方向等，可以改变人脸的容貌，达到一键换容貌的效果。下面介绍处理人物肖像与表情的操作方法。

步骤 01 打开一幅素材图像（素材\第6章\6.1.2.jpg），如图6-7所示。

步骤 02 在“图层”面板中，按【Ctrl+J】组合键，复制一个图层，得到“图层1”图层，如图6-8所示。

图6-7 素材图像

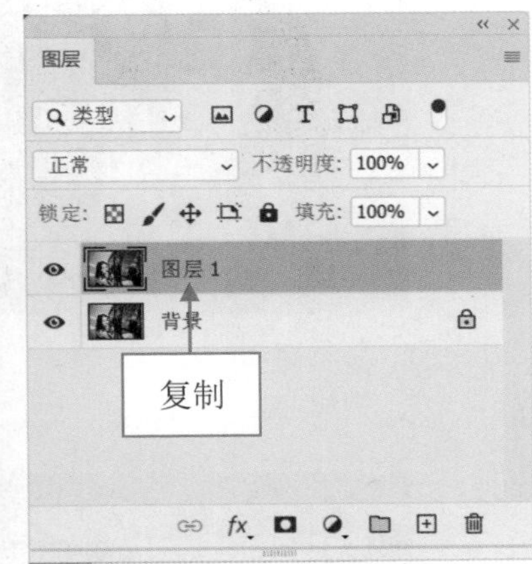

图6-8 得到“图层1”图层

在Photoshop中，用户还可以在“图层”面板中，选择相应的图层，按住鼠标左键并拖曳至“图层”面板底部的“创建新图层”按钮⊞上，释放鼠标左键，也可以快速复制图层对象。

步骤 03 单击“滤镜”|“Neural Filters”命令，在左侧图像编辑窗口中自动框选了人物脸部，在右侧将弹出“Neural Filters”面板，在“所有筛选器”下方的“人像”选项区，单击“皮肤平滑度”和“智能肖像”右侧的开关按钮，打开这两个功能，如图6-9所示。

图6-9　打开“皮肤平滑度”和“智能肖像”功能

步骤 04 在右侧的“智能肖像”面板中，展开“特色”选项，向右拖曳“面部年龄”滑块，设置参数为“25”，如图6-10所示，使女孩看上去成熟一些。

步骤 05 向右拖曳“发量”滑块，设置参数为“50”，如图6-11所示，增加人物的发量。

图6-10　设置参数为“25”

图6-11　设置参数为“50”

步骤 06 展开“表情”选项，向右拖曳“惊讶”滑块，设置参数为“37”，如图6-12所示，为人物添加惊讶的表情。

图6-12 设置参数为“37”

步骤 07 展开“全局”选项，向左拖曳“光线方向”滑块，设置参数为“-44”，如图6-13所示，调整光线的方向。

图6-13 设置参数为“-44”

步骤 08 设置完成后，单击下方的“确定”按钮，即可对人物的面容进行相应处理，按【Ctrl+D】组合键取消选区，效果如图6-14所示。

图6-14 最终效果

6.1.3 妆容迁移一键换妆

妆容迁移是指将一个人的妆容样式应用到另一个人脸部的一种技术，Photoshop采用人工智能技术，尤其是深度学习方法，实现对妆容的自动迁移。下面介绍在“Neural Filters”面板中使用“妆容迁移”功能一键换妆的操作方法。

步骤 01 打开一幅素材图像（素材\第6章\6.1.3（a）.png），如图6-15所示。

步骤 02 在“图层”面板中，按【Ctrl+J】组合键，复制一个图层，得到“图层1”图层，如图6-16所示。

步骤 03 单击“滤镜”|“Neural Filters”命令，弹出“Neural Filters”面板，在“所有筛选器”下方的“人像”选项区，单击“妆容迁移”右侧的开关按钮，打开该功能，在右侧的“妆容迁移”面板中单击“选择图像”右侧的按钮，如图6-17所示。

步骤 04 弹出“打开”对话框，在其中选择相应的参考图像，如图6-18所示。

步骤 05 单击“使用此图像”按钮，返回“妆容迁移”面板，查看上传的参考图像，如图6-19所示。

图6-15 素材图像

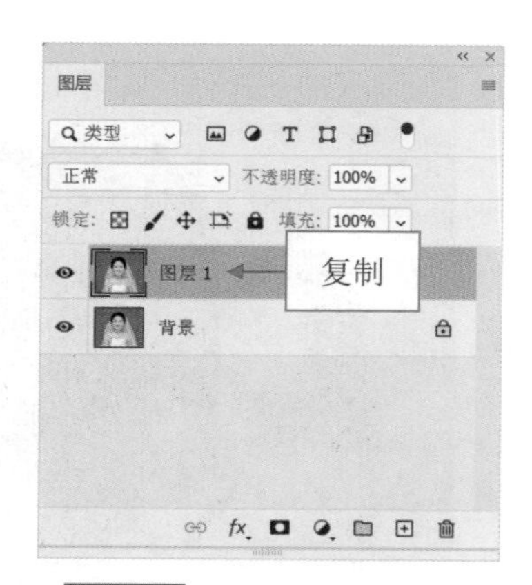

图6-16 得到“图层1”图层

图6-17 单击“选择图像”右侧的按钮

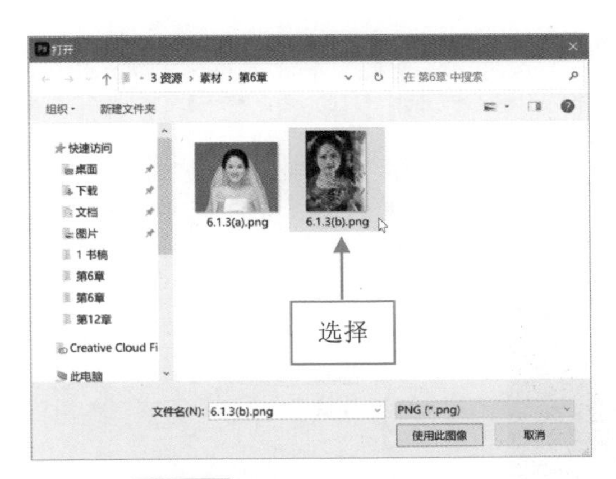

图6-18　选择相应的参考图像

图6-19　查看上传的参考图像

步骤 06 在参考图像上，按住鼠标左键并拖曳，框选人物的脸部区域，如图6-20所示。

步骤 07 单击“确定”按钮，即可在素材上应用参考图像中女子的妆容，按【Ctrl+D】组合键取消选区，效果如图6-21所示。我们可以看到图像中的女孩嘴唇变得更红润了，眼睛周围也有深色的眼影，妆容更显气质。

图6-20　框选人物的脸部区域

图6-21　最终效果

6.2 / AI创意后期功能

使用Neural Filters滤镜可以制作出极具创意的后期图像，在“创意”选项下，包括“风景混合器”和“样式转换”两种AI创意合成功能，本节将向读者进行详细讲解。

6.2.1　创建富有表现力的风景

使用Neural Filters滤镜中的“风景混合器”功能，可以通过与另一个图像混合或改变诸如时间和季节等属性，神奇地改变景观，下面介绍具体操作方法。

步骤 01 打开一幅素材图像（素材\第6章\6.2.1.jpg），如图6-22所示。

步骤 02 在“图层”面板中，按【Ctrl+J】组合键，复制一个图层，得到“图层1”图层，如图6-23所示。

图6-22 素材图像

图6-23 得到“图层1”图层

步骤 03 单击“滤镜”|“Neural Filters”命令，弹出“Neural Filters”面板，在“所有筛选器”下方的“创意”选项区，单击“风景混合器”右侧的开关按钮，打开该功能，在右侧的“风景混合器”面板中显示多种预设的风景图像，如图6-24所示。

图6-24 显示多种预设的风景图像

步骤 04 在“预设”选项卡中，选择第2排第2个风景图像，即可将原图与预设的图像进行混合，在左侧图像编辑窗口中可以预览混合后的图像效果，如图6-25所示。

图6-25 预览混合后的图像效果（1）

步骤 05 选择第4排第1个风景图像，在左侧图像编辑窗口中可以预览混合后的图像效果，如图6-26所示。

图6-26 预览混合后的图像效果（2）

步骤 06 选择第1排第1个风景图像，然后在下方拖曳“日落”滑块，设置参数为“58”，如图6-27所示，为图像添加日落晚霞特效，参数值越大，晚霞的色彩越浓厚。

图6-27 设置参数为“58”

步骤 07 图像处理完成后，单击“确定”按钮，按【Ctrl+D】组合键取消选区，即可预览添加日落晚霞后的风景图像效果，如图6-28所示。

图6-28 最终效果

6.2.2 应用特定艺术风格的图像

使用Neural Filters滤镜中的“样式转换”功能，可以从参考图像上转移纹理、颜色和风格应用于原图中，或应用特定艺术家的风格，下面介绍具体操作方法。

步骤 01 打开一幅素材图像（素材\第6章\6.2.2.jpg），如图6-29所示。

步骤 02 在“图层”面板中，按【Ctrl+J】组合键，复制一个图层，得到“图层1”图层，如图6-30所示。

图6-29 素材图像

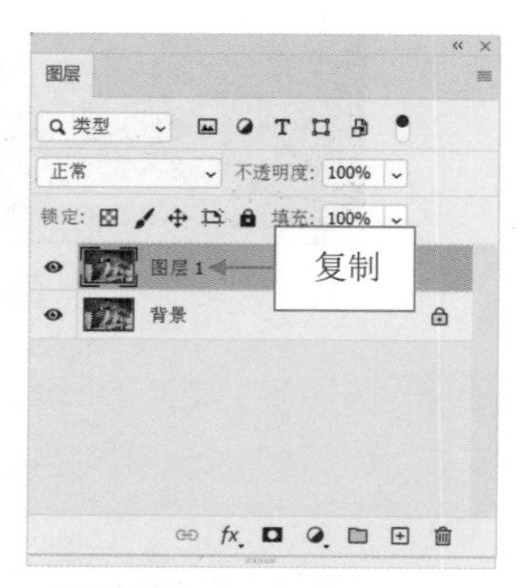

图6-30 得到“图层1”图层

步骤 03 单击“滤镜”|“Neural Filters”命令，弹出“Neural Filters”面板，在“所有筛选器”下方的“创意”选项区，单击“样式转换”右侧的开关按钮，打开该功能，在右侧的“样式转换”面板中显示了多种预设的参考图像，如图6-31所示。

图6-31 显示了多种预设的参考图像

步骤 04 在“预设”选项卡的“艺术家风格”选项区，选择第1排第2个图像，在左侧图像编辑窗口中可以预览图像的转换效果，如图6-32所示。

步骤 05 选择第1排第3个图像，在左侧图像编辑窗口中可以预览图像的转换效果，如图6-33所示，这些都是艺术家风格的参考图像。

图6-32　预览图像的转换效果（1）

图6-33　预览图像的转换效果（2）

步骤 06 在“预设”选项卡中，切换至“图像风格”选项区，在下方选择第1排第1个图像，在左侧图像编辑窗口中可以预览图像的转换效果，如图6-34所示。

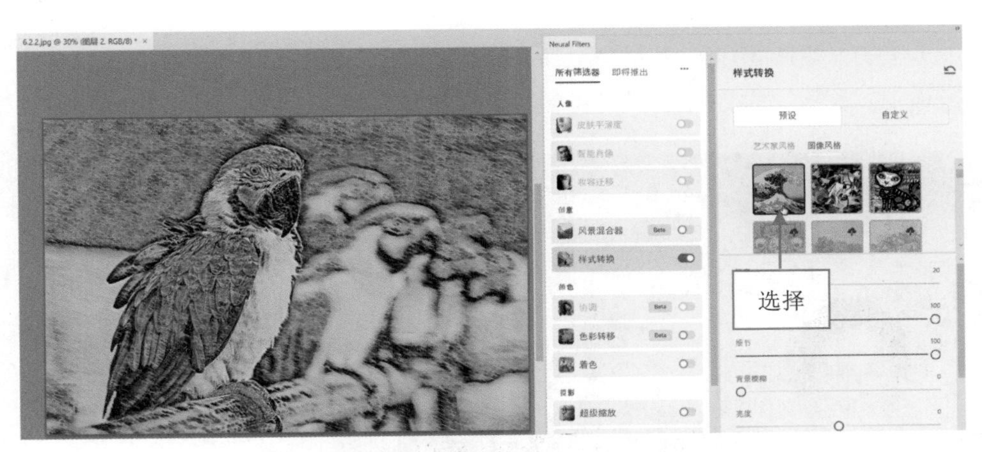

图6-34　预览图像的转换效果（3）

步骤 07 选择第1排第2个图像，在左侧图像编辑窗口中可以预览图像的转换效果，如图6-35所示，将预设图像中的纹理、颜色和风格应用于原图中。

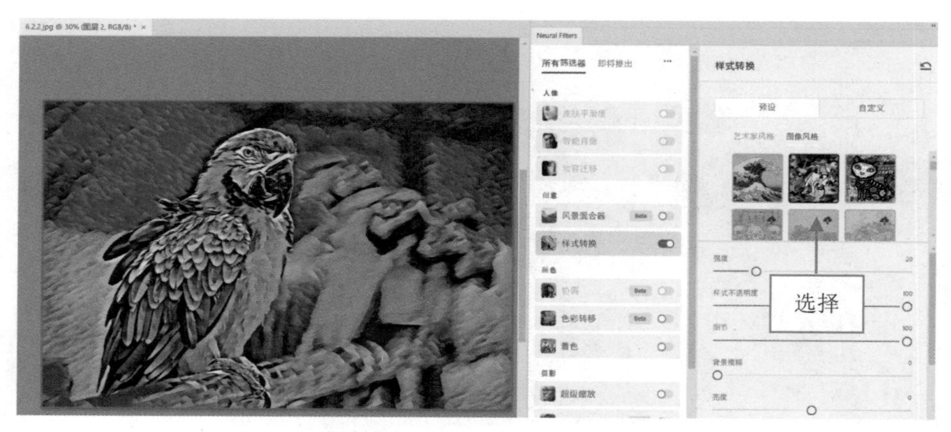

图6-35　预览图像的转换效果（4）

步骤 08　图像处理完成后，单击“确定”按钮即可，按【Ctrl+D】组合键取消选区。

6.3 / AI颜色调整功能

使用Neural Filters滤镜可以对图像的颜色进行AI调整，例如协调两个图层的颜色与亮度、对图像色彩进行转移及对黑白图像进行重新着色等，本节主要介绍这些AI颜色调整功能，提升图像后期处理的效率。

6.3.1　完美复合两个图像的颜色

使用Neural Filters滤镜中的“协调”功能，可以协调两个图层的颜色与亮度，以形成完美的复合，具体操作步骤如下。

步骤 01　打开一幅素材图像（素材\第6章\6.3.1.psd），如图6-36所示。

步骤 02　在“图层”面板中，一共有两个图层，“图层1”图层为透明图层，如图6-37所示。

图6-36　素材图像

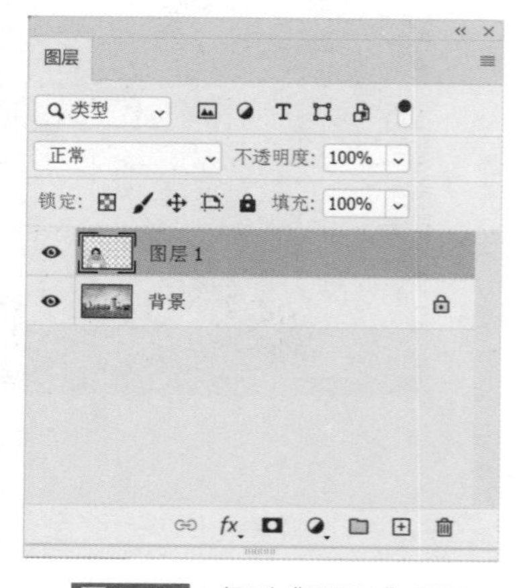

图6-37　得到“图层1”图层

步骤 03 单击“滤镜”|“Neural Filters”命令，弹出“Neural Filters”面板，在“所有筛选器”下方的“颜色”选项区，单击“协调”右侧的开关按钮，打开该功能，如图6-38所示。

步骤 04 在右侧的“协调”面板中，单击“选择图层”右侧的下拉按钮，在弹出的列表框中选择“背景”选项，如图6-39所示。

步骤 05 以“背景”图层为参考图像，在下方拖曳相关滑块至相应位置，协调两个图层的颜色与亮度，如图6-40所示。

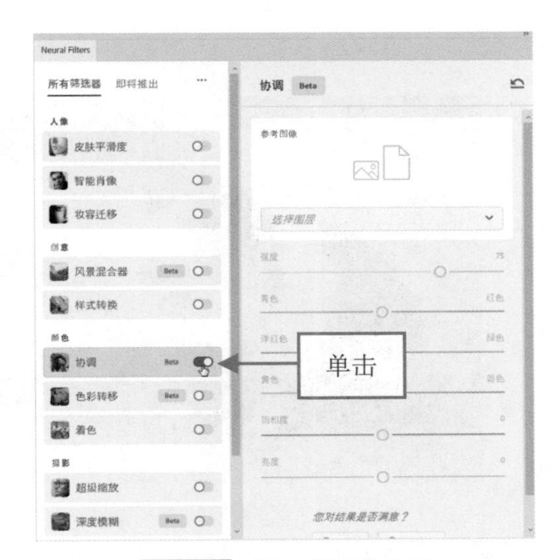

图6-38 打开“协调”功能

图6-39 选择“背景”选项

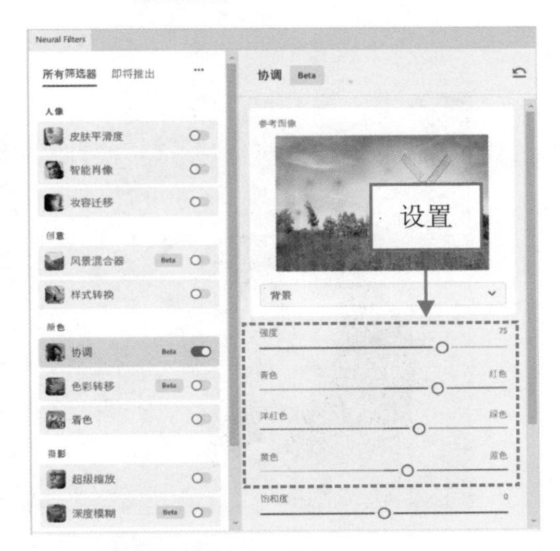

图6-40 拖曳相关滑块至相应位置

步骤 06 设置完成后，单击“确定”按钮，返回Photoshop工作界面，按【Ctrl+D】组合键取消选区，预览图像效果，如图6-41所示。

图6-41 最终效果

6.3.2 将图像上的色彩进行转移

使用Neural Filters滤镜中的“色彩转移”功能，可以创造性地将预设图像中的色彩转移至目标图像中，具体操作步骤如下。

步骤 01 打开一幅素材图像（素材\第6章\6.3.2.jpg），如图6-42所示。

步骤 02 在“图层”面板中，按【Ctrl+J】组合键，复制一个图层，得到“图层1”图层，如

图6-43所示。

图6-42　素材图像　　图6-43　得到“图层1”图层

步骤03　单击“滤镜”|“Neural Filters”命令，弹出“Neural Filters”面板，在“所有筛选器”下方的“颜色”选项区，单击“色彩转移”右侧的开关按钮，打开该功能，如图6-44所示。

图6-44　打开“色彩转移”功能

步骤04　在“预设”选项卡中，选择第2排第2个图像，在左侧图像编辑窗口中可以预览图像的色彩转移效果，呈深紫色调，如图6-45所示。

图6-45　预览图像的色彩转移效果（1）

步骤 05 选择第2排第3个图像，在左侧图像编辑窗口中可以预览图像的色彩转移效果，呈黄色调，如图6-46所示。

图6-46 预览图像的色彩转移效果（2）

步骤 06 选择第2排第1个图像，在左侧图像编辑窗口中可以预览图像的色彩转移效果，呈深蓝色调，如图6-47所示。

图6-47 预览图像的色彩转移效果（3）

步骤 07 在面板下方，拖曳滑块设置“饱和度”为“9”、“色相”为“-71”，如图6-48所示，手动修改调色参数，调出自己满意的图像色彩。

步骤 08 设置完成后，单击“确定”按钮，返回Photoshop工作界面，按【Ctrl+D】组合键取消选区，预览图像效果，如图6-49所示。

图6-48　拖曳滑块设置各参数

图6-49　最终效果

6.3.3　对黑白图像进行自动上色

使用Neural Filters滤镜中的“着色”功能，可以对黑白照片进行重新着色处理，制作出富有艺术感的图像效果，具体操作步骤如下。

步骤 01 打开一幅素材图像（素材\第6章\6.3.3.jpg），如图6-50所示。

步骤 02 在“图层”面板中，按【Ctrl+J】组合键，复制一个图层，得到“图层1”图层，如图6-51所示。

图6-50　素材图像

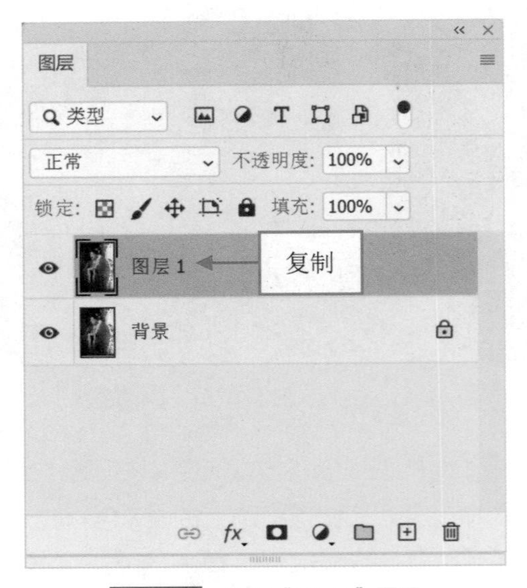

图6-51　得到“图层1”图层

步骤 03 单击“滤镜”|“Neural Filters”命令，弹出“Neural Filters”面板，在“所有筛选器”

下方的“颜色”选项区，单击“着色”右侧的开关按钮，打开该功能，此时左侧编辑窗口中的图像已经进行了上色处理，如图6-52所示。

图6-52　打开“着色”功能

步骤04 在右侧的“着色”面板中，单击“配置文件”右侧的下拉按钮，在弹出的列表框中有多种颜色配置文件可供选择，如图6-53所示，选择相应的选项，即可应用颜色效果。

步骤05 在面板下方，拖曳滑块设置“饱和度”为“12”、“青色/红色”为“-20”、“洋红色/绿色”为“-15”、“颜色伪影消除”为“38”，如图6-54所示。

步骤06 图像处理完成后，单击“确定”按钮，返回Photoshop工作界面，按【Ctrl+D】组合键取消选区，预览调整完成后的黑白图像上色效果，如图6-55所示。

图6-53　显示多种颜色配置文件

图6-54 拖曳滑块设置各参数

图6-55 最终效果

6.4 / AI摄影扩展功能

在Neural Filters滤镜中，有一个“摄影”功能模块，其中包括“超级缩放”和“深度模糊”两个功能，可以对图像进行缩放和模糊处理。本节主要介绍AI摄影的这两个扩展功能，帮助读者轻松调出喜欢的摄影作品。

6.4.1 超级缩放图像画面

使用“超级缩放”功能可以放大并裁切图像，然后再通过Photoshop添加细节以补偿损失的分辨率，下面介绍具体操作方法。

步骤 01 打开一幅素材图像（素材\第6章\6.4.1.jpg），如图6-56所示。

步骤 02 在“图层”面板中，按【Ctrl+J】组合键，复制一个图层，得到“图层1”图层，如图6-57

图6-56 素材图像

图6-57 得到“图层1”图层

所示。

步骤 03 单击“滤镜”|“Neural Filters”命令，弹出“Neural Filters”面板，在“所有筛选器”下方的“摄影”选项区，单击“超级缩放”右侧的开关按钮，打开该功能，如图6-58所示。

图6-58　打开“超级缩放”功能

步骤 04 在下方设置“输出”为“新图层”，单击两次“缩放图像”右侧的🔍按钮，将图像放大两倍，左侧图像下方显示相应的处理进度，如图6-59所示。

图6-59　将图像放大两倍

步骤 05 处理完成后，在右侧的“超级缩放”面板中，设置“降噪”为“13”、“锐化”为“22”，对放大的图像细节进行适当修复处理，如图6-60所示。

步骤 06 图像处理完成后，单击“确定”按钮，返回Photoshop工作界面，此时“图层”面板中新增了“图层2”图层，这是被放大后的图像，在图像编辑窗口中预览缩放后的图像效果，如图6-61所示。

图6-60　设置各参数

图6-61　最终效果

6.4.2　深度模糊图像画面

使用Neural Filters滤镜中的“深度模糊”功能，可以在图像中创建环境深度，以提供前景或背景对象，下面介绍具体操作方法。

步骤01 打开一幅素材图像（素材\第6章\6.4.2.jpg），如图6-62所示。

步骤02 在“图层”面板中，按【Ctrl+J】组合键，复制一个图层，得到“图层1”图层，如图6-63所示。

图6-62　素材图像

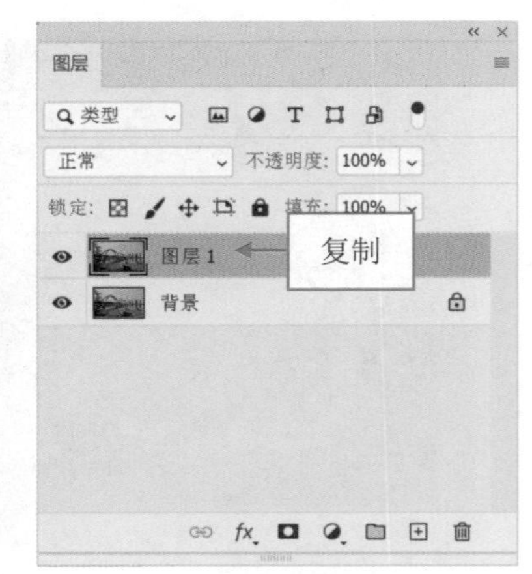

图6-63　得到“图层1”图层

步骤03 单击“滤镜”|“Neural Filters”命令，弹出“Neural Filters”面板，在“所有筛选器”下方的“摄影”选项区，单击“深度模糊”右侧的开关按钮，打开该功能，此时左侧图像呈模糊状态，如图6-64所示。

图6-64 打开“深度模糊”功能

步骤 04 在右侧的“深度模糊”面板中，在“焦点”预览窗口中的桥位置单击鼠标左键，确定焦点区域，此时左侧图像中的桥区域呈清晰状态，如图6-65所示。

图6-65 确定焦点区域

步骤 05 在下方设置“焦距”为“20”、“模糊强度”为“72”，调整图像中的模糊区域，使前景变得模糊，如图6-66所示。

步骤 06 在下方设置“色温”为“-11”、“色调”为“17”、“亮度”为“5”，如图6-67所示，调整图像模糊区域的色温、色调与亮度细节，如图6-67所示。

图6-66 调整图像中的模糊区域

图6-67 调整色温、色调与亮度

步骤07 图像处理完成后，单击“确定”按钮，返回Photoshop工作界面，查看图像被深度模糊后的效果，如图6-68所示。

图6-68 查看图像被深度模糊后的效果

步骤08 我们可以看到图像前景中被模糊的区域中有一块污点，接下来选取移除工具，在前景中的污点处进行涂抹，去除图像中的污点，使画面更加干净，效果如图6-69所示。

图6-69 最终效果

6.5 / AI图像恢复功能

在Neural Filters滤镜中，有一个“恢复”功能模块，其中包括“移除JPEG伪影”和“照片恢复”两个功能，可以快速移除JPEG图像产生的伪影，并对照片进行适当恢复处理。本节主要介绍AI图像恢复功能的应用。

6.5.1　移除 JPEG 伪影

JPEG伪影通常表现为图像中出现的块状或马赛克状的模糊区域，尤其容易出现在图像中细节丰富的区域，这是由于JPEG压缩将图像分成小的8×8像素块，并对每个块进行压缩，从而导致细节信息的丢失和图像质量的下降。在图像后期处理中，移除JPEG伪影是指尝试消除由JPEG压缩引起的图像中出现的伪影或压缩痕迹。

打开图像后，单击“滤镜”|“Neural Filters”命令，弹出“Neural Filters”面板，在“所有筛选器”下方的“恢复”选项区，单击“移除JPEG伪影”右侧的开关按钮，打开该功能，在右侧的“强度”列表框中，有“低”“中”“高”3个选项可供用户选择，如图6-70所示，表示移除JPEG伪影的强度。

图6-70　设置移除JPEG伪影的强度

6.5.2　快速恢复旧照片

使用Neural Filters滤镜中的“照片恢复”功能，可以借助AI强大的功能快速恢复旧照片，如提高对比度、增强细节、消除划痕等操作，将此滤镜与“着色”滤镜相结合可以进一步增强照片的效果。

打开图像后，单击“滤镜”|“Neural Filters”命令，弹出“Neural Filters”面板，在“所有筛选器”下方的“恢复”选项区，单击“照片恢复”右侧的开关按钮，打开该功能，在右侧的“照片恢复”面板中，通过拖曳滑块可以设置各参数，调节照片的效果，如图6-71所示。

图6-71 拖曳滑块可以设置各参数

本章小结

本章主要讲解了Neural Filters滤镜的使用技巧，如AI人像处理功能、AI创意后期功能、AI颜色调整功能、AI摄影扩展功能及AI图像恢复功能等，通过强大的AI处理能力，可以轻松调出需要的照片效果。通过本章的学习，读者可以熟练掌握Neural Filters滤镜的各项核心功能，秒变后期处理高手。

课后习题

鉴于本章知识的重要性，为了帮助读者更好地掌握所学知识，下面将通过上机习题，帮助读者进行简单的知识回顾和补充。

本习题需要掌握运用“着色”功能对黑白图像进行自动上色的方法，素材与效果对比如图6-72所示。

图6-72 素材与效果对比

PS+AI 修图篇

第7章 高级AI：详解Camera Raw的AI功能

Camera Raw 是由 Adobe 公司开发的一款图像处理软件，它是 Adobe Photoshop 软件的一个插件，用于处理照片的原始图像数据，通常是指未经过任何压缩或处理的照片。在 Adobe Photoshop（Beta）版中，Camera Raw 也有一些 AI 图像处理功能，本章将向读者进行详细讲解。

7.1 / 一键智能调整图像色彩

在Camera Raw中，可以通过强大的AI功能一键智能调整图像的色彩，如使用自动调色功能、使用黑白滤镜一键调色、使用人像滤镜一键调色、使用创意滤镜一键调色等。本节主要介绍一键智能调整图像色彩的操作方法。

Camera Raw插件通常与Adobe Photoshop和Adobe Lightroom等软件一起使用，可为摄影师和图像处理专业人士提供更多的灵活性和创意控制，使他们能够充分发挥摄影的潜力并得到高质量的图像输出。

7.1.1 使用自动调色功能

在Camera Raw中，有一个“自动”按钮，单击该按钮，即可自动调整图像的色彩，下面介绍具体操作方法。

步骤 01 打开一幅素材图像（素材\第7章\7.1.1.jpg），如图7-1所示。

图7-1 素材图像

步骤 02 在菜单栏中，单击“滤镜”|“Camera Raw滤镜”命令，如图7-2所示。

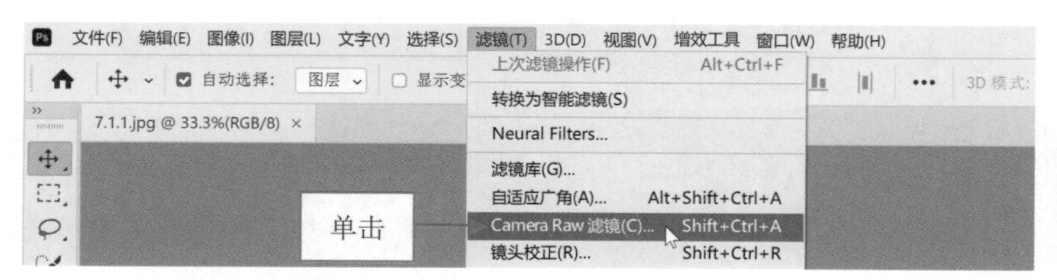

图7-2 单击“Camera Raw滤镜”命令

步骤 03 打开Camera Raw窗口，在右侧面板上方单击“自动”按钮，如图7-3所示。

图7-3 单击“自动”按钮

步骤 04 执行操作后，即可自动调整图像的色调，单击“确定”按钮，返回Photoshop工作界面，查看调色后的图像效果，如图7-4所示，颜色的对比度增强了，颜色饱和度提高了一些，使画面更具有吸引力。

图7-4 查看调色后的图像效果

7.1.2 使用黑白滤镜一键调色

黑白滤镜是一种常用的调色工具，用于将彩色图像转换为黑白（灰度）图像，在Camera Raw中，预设了多种黑白滤镜可以一键调色，下面介绍具体操作方法。

步骤 01 打开一幅素材图像（素材\第7章\7.1.2.jpg），如图7-5所示。

步骤 02 在“图层”面板中，按【Ctrl+J】组合键，复制一个图层，得到“图层1”图层，如图7-6所示。

图7-5 素材图像

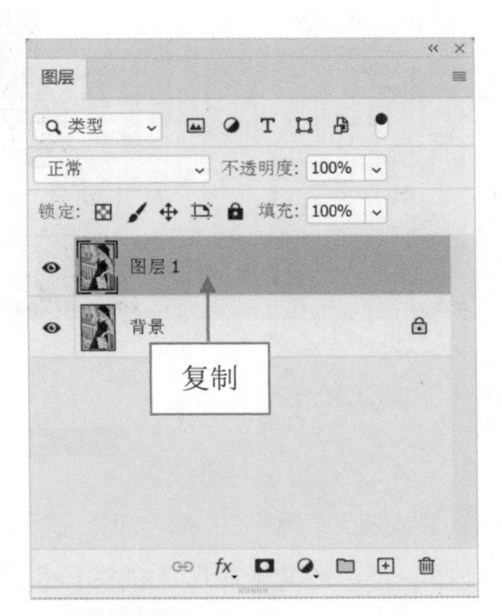

图7-6 得到“图层1”图层

步骤 03 在菜单栏中，单击“滤镜”|“Camera Raw滤镜”命令，打开Camera Raw窗口，在右侧面板中单击“预设”按钮，如图7-7所示。

图7-7 单击“预设”按钮

步骤 04 打开“预设”面板，展开“黑白”选项，在下方选择“黑白 高对比度”选项，如图7-8

所示，即可将图像调整为高对比度的黑白效果。

图7-8　选择“黑白 高对比度”选项

步骤 05 选择“黑白 棕褐色调”选项，如图7-9所示，即可将图像调整为棕褐色调的黑白效果，带有一种经典、复古和艺术氛围，使照片更富有感染力。

图7-9　选择“黑白 棕褐色调”选项

步骤 06 调色完成后，单击“确定”按钮即可。

7.1.3　使用人像滤镜一键调色

“人像”滤镜组包含多种不同皮肤的人像预设色调，如深色皮肤、中间色皮肤及浅色皮肤等，不同的肤色给人的视觉感受也不相同，下面介绍具体操作方法。

步骤 01 打开一幅素材图像（素材\第7章\7.1.3.jpg），如图7-10所示。

步骤 02 在“图层”面板中，按【Ctrl+J】组合键，复制一个图层，得到“图层1”图层，如图7-11所示。

图7-10 素材图像

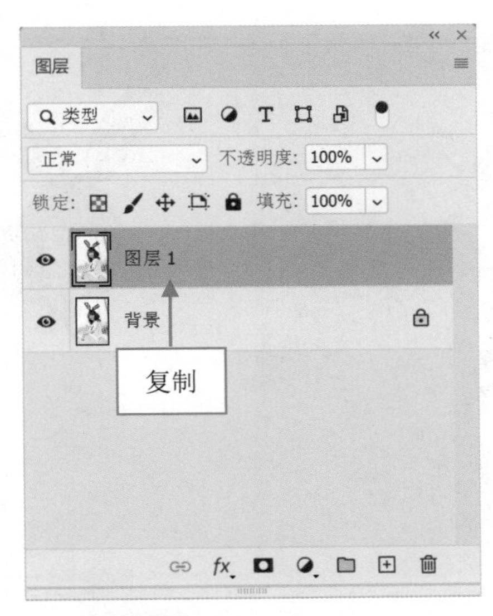

图7-11 得到“图层1”图层

步骤 03 单击“滤镜”|“Camera Raw滤镜”命令，打开Camera Raw窗口，在右侧面板中单击“预设”按钮，打开“预设”面板，其中包括3组人像滤镜，如图7-12所示。

图7-12 包括3组人像滤镜

步骤 04 展开“人像：深色皮肤”选项，在下方选择相应的预设模式，即可将人像调为深色皮肤色调，如图7-13所示。

步骤 05 展开“人像：中间色皮肤”选项，在下方选择相应的预设模式，即可将人像调为中间色皮肤色调，如图7-14所示。

图7-13 将人像调为深色皮肤色调

图7-14 将人像调为中间色皮肤色调

步骤 06 展开“人像：浅色皮肤”选项，在下方选择相应的预设模式，即可将人像调为浅色皮肤色调，如图7-15所示。调色完成后，单击“确定”按钮即可。

图7-15 将人像调为浅色皮肤色调

7.1.4 使用创意滤镜一键调色

Camera Raw的创意滤镜包含多种创意色调，选择相应的预设样式可以调出相应的创意色调，下面介绍具体操作方法。

步骤 01 打开一幅素材图像（素材\第7章\7.1.4.jpg），如图7-16所示。

图7-16 素材图像

步骤 02 在“图层”面板中，按【Ctrl+J】组合键，复制一个图层，得到“图层1”图层；单击“滤镜”|“Camera Raw滤镜”命令，打开Camera Raw窗口，在右侧面板中单击“预设”按钮，打开“预设”面板，展开“创意”选项，选择“暖色调对比度”选项，如图7-17所示，即可将图像调为暖色调的对比效果。

图7-17　选择“暖色调对比度”选项

步骤 03　在“创意”选项下，选择“暖色调阴影”选项，如图7-18所示，即可将素材图像调为暖色调阴影效果，画面偏红色和紫色。

步骤 04　在“创意”选项下，选择“冷色亚光纸”选项，如图7-19所示，即可将素材图像调为冷色亚光纸的效果，色调偏向冷色，给人一种寒冷的感觉。

冷色亚光纸的表面是半光泽或类似于半哑光的质感，有助于减少反光，并使图像看起来更加柔和、自然。

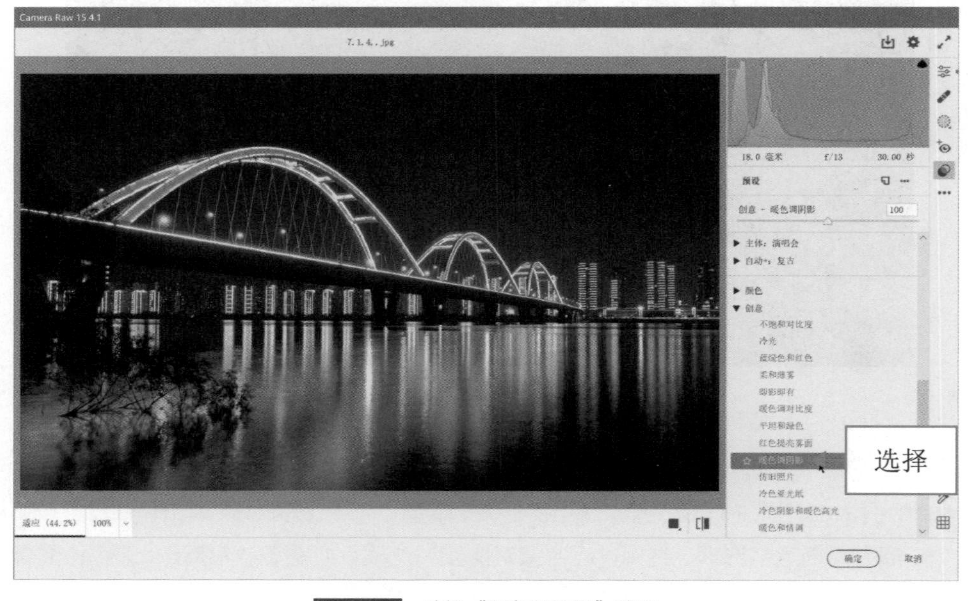

图7-18　选择“暖色调阴影”选项

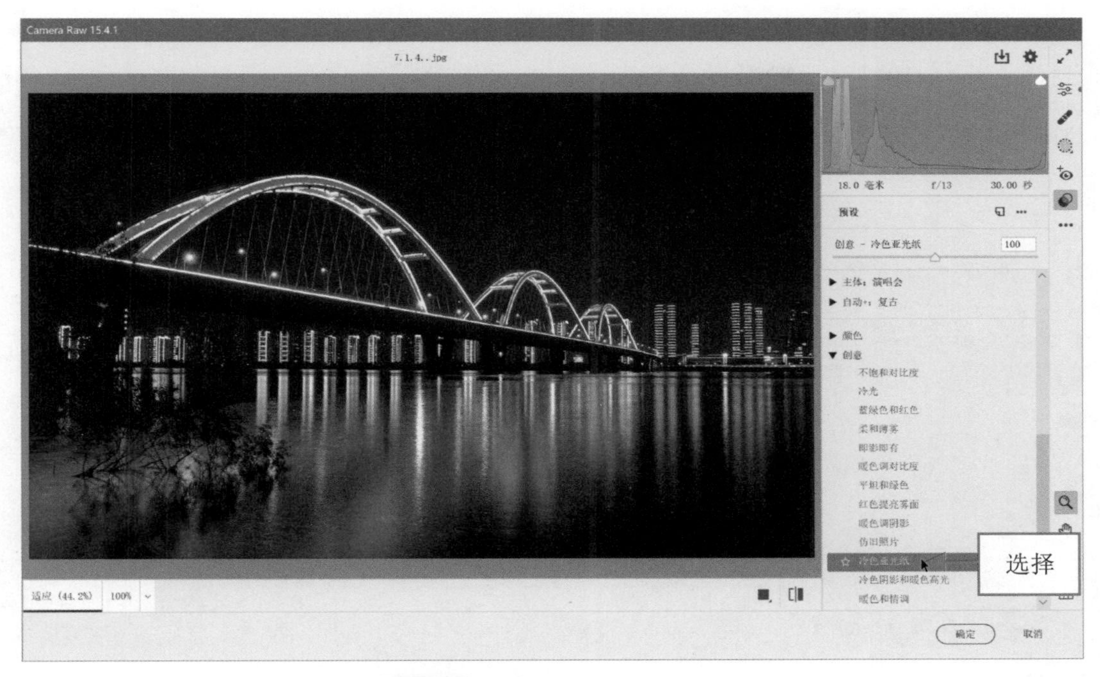

图7-19 选择“冷色亚光纸”选项

7.2 / 使用AI蒙版调整人像照片

在Camera Raw的蒙版操作中，通过强大的AI功能，可以自动识别人像的各个部分并单独进行调整，如面部皮肤、身体皮肤、眉毛、眼睛及嘴唇等。本节主要介绍使用AI蒙版调整人像照片的操作方法。

7.2.1 快速调整人物的皮肤

由于光线问题，如果拍摄出来的人像照片皮肤过黑，此时可以单独调整人物脸部与身体的皮肤，将皮肤调白调亮，使人物更加好看，下面介绍具体操作方法。

步骤 01 打开一幅素材图像（素材\第7章\7.2.1.jpg），如图7-20所示。

步骤 02 在“图层”面板中，按【Ctrl+J】组合键，复制一个图层，得到“图层1”图层，如图7-21所示。

图7-20 素材图像

步骤 03 单击“滤镜”|“Camera Raw滤镜”命令，打开Camera Raw窗口，在右侧面板中单击“蒙版”按钮◉，如图7-22所示。

图7-21 得到“图层1”图层

图7-22 单击“蒙版”按钮

步骤 04 打开相应面板，在“人物”下方单击“人物1”缩略图，如图7-23所示。

图7-23 单击“人物1”缩略图

步骤 05 进入“人物蒙版选项”面板，在下方选中“面部皮肤”和“身体皮肤”两个复选框，单击“创建”按钮，如图7-24所示。

图7-24 单击“创建”按钮

步骤06 进入相应面板，取消选中“显示叠加（自动）”复选框，在下方设置“曝光”为“0.5”，提亮皮肤；设置“对比度”为“18”，增强画面对比度，使人物轮廓更具立体感；设置“高光”为“6”，增强皮肤的高光，使皮肤更有光泽感，如图7-25所示，完成人物皮肤的调整。

图7-25 设置各参数

7.2.2 快速调整人物的眉毛

人物的眉毛在面部表情和整体形象中起着重要作用，对于塑造外貌和表达情感都有影响，眉毛的微妙变化能够使人物的表情更加丰富和生动。如果我们对人物的眉毛不太满意，可以进行调整，具体操作步骤如下。

步骤 01 在上一例的基础上，在右侧面板中单击“创建新蒙版”按钮，在弹出的列表框中选择“选择人物”选项，如图7-26所示。

步骤 02 进入“人物蒙版选项”面板，在下方选中“眉毛”复选框，单击“创建”按钮，如图7-27所示。

图7-26 选择“选择人物”选项

图7-27 单击“创建”按钮

步骤 03 进入相应面板，取消选中“显示叠加”复选框，在下方设置“曝光”为“-0.6”，压暗眉毛的亮度，使眉毛显得更加浓密，如图7-28所示。

图7-28 压暗眉毛的亮度

步骤 04 在面板中设置“色相”为“1.2”、“饱和度”为“67”，将眉毛的颜色往棕色方面调整，并加强眉毛的色彩，如图7-29所示，完成人物眉毛的调整。

图7-29 将眉毛的颜色往棕色方面调整

7.2.3 快速调整人物的嘴唇颜色

在人物摄影中，嘴唇的颜色通常也是观众的视觉焦点之一，嘴唇的颜色可以传达丰富的情感和情绪，因为嘴唇是面部的明亮区域，而且常常与嘴部的形状和表情相关，所以吸引了人们的目光，嘴唇可以影响人物形象的表达。如果我们对人物的嘴唇颜色不太满意，可以进行调整，具体操作步骤如下。

步骤 01 在上一例的基础上，在右侧面板中单击“创建新蒙版”按钮，在弹出的列表框中选择“选择人物”选项，如图7-30所示。

图7-30　选择“选择人物”选项

步骤 02 进入“人物蒙版选项”面板，在下方选中“唇”复选框，单击“创建”按钮，如图7-31所示，进入相应面板，取消选中“显示叠加（自动）”复选框。

步骤 03 在下方设置“色温”为“23”、“色相”为“-12.2”、“饱和度”为“100”，增强嘴唇的红润度，使面部精气神更好，如图7-32所示，完成人物嘴唇的调整。

图7-31　单击“创建”按钮

图7-32 设置各参数

7.2.4 快速调整人物的牙齿

当人物微笑或露出牙齿时，牙齿的状态和美观程度会直接影响笑容的吸引力和表现力，整齐洁白的牙齿可以带来友好和自信的感觉。下面介绍调整人物牙齿的操作方法。

步骤 01 在上一例的基础上，在右侧面板中单击“创建新蒙版”按钮，在弹出的列表框中选择“选择人物”选项，如图7-33所示。

图7-33 选择“选择人物”选项

步骤 02 进入“人物蒙版选项”面板，在下方选中“牙齿”复选框，单击“创建”按钮，如图7-34所示。

图7-34 单击“创建”按钮

步骤03 进入相应面板，取消选中“显示叠加（自动）”复选框，在下方设置“曝光”为“0.45”，提高牙齿的亮度，使牙齿更加洁白，如图7-35所示。

图7-35 设置“曝光”为“0.45”

步骤04 全部操作完成后，单击“确定”按钮，返回Photoshop工作界面，查看处理完成的人像照片效果，如图7-36所示。

图7-36 最终效果

7.3 / 使用AI蒙版调整风光照片

在Camera Raw的蒙版操作中，用户不仅可以调整人像照片，还可以调整风光照片，如果用户对风光照片的天空或背景不满意，此时可以通过蒙版重新调整天空或背景的色彩。本节主要介绍使用AI蒙版调整风光照片的操作方法。

7.3.1 调整风光照片的天空

在Camera Raw中，用户可以一键创建天空蒙版，然后对蒙版区域进行调色处理，具体操作步骤如下。

步骤 01 打开一幅素材图像（素材\第7章\7.3.1.jpg），如图7-37所示。

步骤 02 在“图层”面板中，按【Ctrl+J】组合键，复制一个图层，得到“图层1”图层，如图7-38所示。

图7-37 素材图像

图7-38 得到“图层1”图层

步骤 03 单击“滤镜”|“Camera Raw滤镜”命令，打开Camera Raw窗口，在右侧面板中单击“蒙版”按钮◎，打开相应面板，单击“天空”按钮，如图7-39所示。

图7-39 单击“天空”按钮

步骤 04 执行操作后，即可为天空区域创建蒙版，创建的蒙版呈暗红色显示，如图7-40所示。

图7-40 创建的蒙版呈暗红色显示

步骤 05 取消选中“显示叠加”复选框，在“亮”选项区设置“曝光”为“1.5”、“高光”为“-26”、“阴影”为“11”，提高曝光量，压暗天空的高光区域，提亮阴影区域，如图7-41所示。

图7-41 在“亮”选项区设置各参数

步骤 06 在“颜色”选项区，设置“色温”为“-35”，将天空调为冷蓝色调；设置“饱和度”为“-17”，适当降低蓝色的饱和度，如图7-42所示。

图7-42 在“颜色”选项区设置各参数

步骤 07 天空调整完成后，单击“确定”按钮，返回Photoshop工作界面，查看调整后的风光照片效果，如图7-43所示。

图7-43 最终效果

7.3.2 调整风光照片的背景

如果用户对风光照片的背景不满意，此时可以单独调整风光照片背景的色彩与色调，使整体的颜色更加协调、统一。下面介绍调整风光照片背景的操作方法。

步骤 01 打开一幅素材图像（素材\第7章\7.3.2.jpg），如图7-44所示。

步骤 02 在“图层”面板中，按【Ctrl+J】组合键，复制一个图层，得到“图层1”图层，如图7-45所示。

图7-44 素材图像

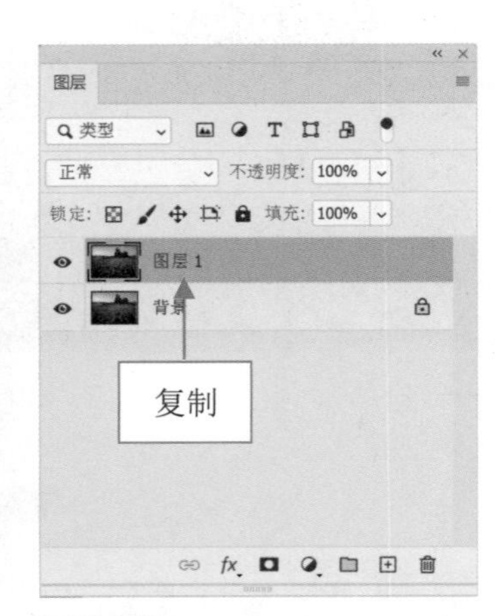

图7-45 得到“图层1”图层

步骤 03 单击“滤镜”|“Camera Raw滤镜”命令，打开Camera Raw窗口，在右侧面板中单击“蒙版”按钮，打开相应面板，单击“背景”按钮，如图7-46所示。

步骤 04 执行操作后，即可为前景和背景区域创建蒙版，创建的蒙版呈暗红色显示，如图7-47所示。

图7-46 单击“背景”按钮

图7-47　为前景和背景区域创建蒙版

步骤 05 取消选中“显示叠加”复选框，在“亮”选项区设置“曝光”为“0.5”、“对比度”为“-14”、“高光”为“5”、“阴影”为“-26”、“黑色”为“-9”，提高曝光量和高光，降低对比度和阴影，如图7-48所示。

图7-48　在“亮”选项区设置各参数

步骤 06 在“颜色”选项区，设置“色温”为“46”、“色调”为“43”，将前景和背景调为暖黄色调；设置“饱和度”为“37”，提高橘黄色的饱和度，如图7-49所示。

图7-49　设置色温、色调及饱和度

步骤 07　风光照片调整完成后，单击“确定”按钮，返回Photoshop工作界面，查看调整后的风光照片效果，如图7-50所示。

图7-50　查看调整后的风光照片效果

本章小结

本章主要讲解了使用Camera Raw中的AI功能处理图像的方法，首先介绍了如何一键智能调整图像色彩，包括使用自动调色功能，使用黑白滤镜、人像滤镜、创意滤镜一键调色；然后介绍了如何使用AI蒙版调整人像照片，包括调整人物的皮肤、眉毛、嘴唇、牙齿等；最后介绍了如何使用AI蒙版调整风光照片，包括调整天空和背景等。通过本章的学习，读者可以熟练掌握使用Camera Raw处理图像的各种AI功能，提高后期处理效率。

课后习题

鉴于本章知识的重要性，为了帮助读者更好地掌握所学知识，下面将通过上机习题，帮助读者进行简单的知识回顾和补充。

本习题需要使用Camera Raw中的蒙版调整风光照片中天空的色彩，素材与效果对比如图7-51所示。

图7-51 素材与效果对比

Firefly+AI 绘画篇

第 8 章 萤火虫绘图：根据关键词快速生成图像

Firefly（萤火虫）是 Adobe 公司于 2023 年 3 月 22 日宣布推出的一款创意生成式 AI 工具，用户通过自然语言就能快速生成文本、图片及特效等内容。在 Firefly 中，用户使用“文字生成图像”功能，输入相应的关键词描述，可以快速生成各种需要的图像效果。本章主要介绍根据关键词快速生成图像的操作方法。

8.1 / 使用关键词描述生成图像

“文字生成图像”是指通过用户输入的关键词来生成图像，Firefly通过对大量数据进行学习和处理后，能够自动生成具有艺术特色的图像。下面介绍使用Firefly中的“文字生成图像”功能生成相应图像的方法。

步骤 01 进入Adobe Firefly（Beta）主页，在“文字生成图像”选项区单击“生成”按钮，如图8-1所示。

图8-1 单击“生成”按钮（1）

步骤 02 执行操作后，进入“文字生成图像”页面，输入相应关键词，单击“生成”按钮，如图8-2所示。

温馨提示

关键词也称为关键字、描述词、输入词、提示词、代码等，网上大部分用户也将其称为“咒语”。在Firefly中输入关键词的时候，中文或英文都可以，Firefly现在对中文的识别率比较高了，出图效果还可以，品质也不错。

图8-2　单击“生成”按钮（2）

步骤03 执行操作后，Firefly将根据关键词自动生成4张图片，如图8-3所示。需要用户注意的是，即使是相同的关键词，Firefly每次生成的图片效果也不一样。

图8-3　生成4张图片

步骤04 单击相应的图片，即可预览大图效果，在图片右上角单击“下载”按钮，如图8-4所示。

图8-4　单击“下载”按钮

步骤 05 执行操作后，即可下载图片，用上述同样的方法，将第4张图片进行下载操作，效果如图8-5所示。

图8-5 下载的图片效果

8.2 / 调整图像的宽高比

图像的宽高比指的是图像的宽度和高度之间的比例关系。宽高比可以对观看图像时的视觉感知和审美产生影响，不同的宽高比可以呈现不同的视觉效果和传递不同的情感，大家可根据画面需要进行相应设置。Firefly 预设了多种图像宽高比指令，如正方形（1:1）比例、横向（4:3）比例、纵向（3:4）比例、宽屏（16:9）比例等。用户生成相应的图片后，可以修改画面的宽高比，本节将介绍具体的操作方法。

8.2.1 调出图像的正方形比例（1:1）

正方形（1:1）比例的图像在设计和艺术中经常使用，因为它们具有平衡、稳定和对称的视觉效果。在Firefly中，系统默认生成的图像比例就是正方形（1:1），下面介绍具体的操作方法。

步骤 01 进入Adobe Firefly（Beta）主页，在“文字生成图像”选项区单击“生成”按钮，进入“文字生成图像”页面，输入关键词，单击“生成”按钮，如图8-6所示。

图8-6　单击“生成”按钮

步骤 02　执行操作后，Firefly将根据关键词自动生成4张图片，如图8-7所示。

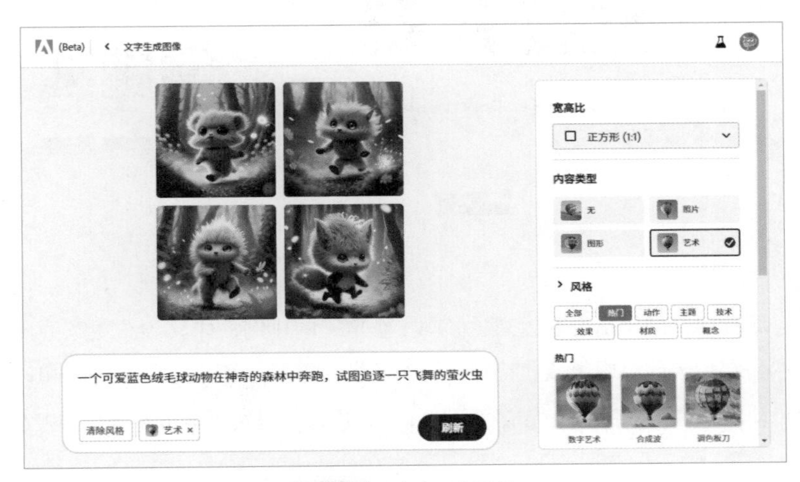

图8-7　生成4张图片

步骤 03　此时生成的图片默认为正方形（1:1）比例，效果如图8-8所示。

图8-8　正方形（1:1）比例的图片效果

8.2.2 调出图像的横向比例（4:3）

4:3比例是电视和计算机显示器的传统显示比例之一，在过去的很长一段时间里，大多数显示设备都采用4:3比例，因此4:3成为一种常见的标准比例。下面介绍将图片调为4:3比例的操作方法。

步骤 01 进入“文字生成图像”页面，输入相应关键词，单击“生成”按钮，Firefly将根据关键词自动生成4张图片，如图8-9所示。

图8-9 生成4张图片

尽管现代的显示设备越来越倾向于更宽屏的比例，如16:9或更宽的比例，但4:3仍然具有一定的应用领域和特殊的创作场景。需要注意的是，通过Firefly生成的图片会自动添加水印，目前是无法直接去除的，后续的付费版本可能会提供去水印的服务。

步骤 02 在页面右侧的“宽高比”选项区，单击右侧的下拉按钮﹀，在弹出的列表框中选择“横向”选项，如图8-10所示。

图8-10 选择“横向”选项

步骤 03 执行操作后，即可将图片调为4:3的比例，效果如图8-11所示。

图8-11 将图片调为4:3的比例

8.2.3 调出图像的纵向比例（3:4）

3:4是一种竖向的图片尺寸比例，表示图像的宽度与高度之间的比例关系为3:4。这种比例常用于需要强调垂直方向内容的情况，例如人像摄影、肖像画或纵向的艺术创作。下面介绍将图片调为3:4比例的操作方法。

步骤 01 进入“文字生成图像”页面，输入相应关键词，单击“生成”按钮，Firefly将根据关键词自动生成4张图片，如图8-12所示。

图8-12 生成4张图片

步骤 02 在页面右侧的“宽高比”选项区，单击右侧的下拉按钮，在弹出的列表框中选择“纵向”选项，如图8-13所示。

图8-13 选择“纵向”选项

步骤 03 执行操作后，即可将图片调为3:4的比例，效果如图8-14所示。

图8-14 将图片调为3:4的比例

由于3:4的图片比例更接近正方形，因此在打印图片时，这种比例可以更好地适应常见的纸张尺寸，使图片更容易与标准纸张匹配。

温馨提示

3:4比例常用于人像摄影，因为它可以更好地捕捉和展示人物的身体比例和特征。相对于更宽屏的比例，3:4在人像摄影中可以更好地呈现垂直的身体线条和表情。在社交媒体平台上，3:4比例的图片可以在垂直显示的移动设备上更好地利用屏幕空间，使图片更好地适应垂直滚动浏览的体验。

8.2.4 调出图像的宽屏比例（16:9）

16:9比例的图片具有较宽的水平视野，适合展示广阔的景观或城市风貌，这种尺寸的图片在广告、电影、游戏和电视等场景中广泛应用，能够提供沉浸式的视觉体验。下面介绍将图片调为16:9比例的操作方法。

步骤 01 进入“文字生成图像”页面，输入相应关键词，单击“生成”按钮，Firefly将根据关键词自动生成4张图片，如图8-15所示。

图8-15 生成4张图片

步骤 02 在页面右侧的“宽高比”选项区，单击右侧的下拉按钮，在弹出的列表框中选择“宽屏”选项，如图8-16所示。

图8-16 选择“宽屏”选项

16:9比例是高清电视和电影的标准显示比例，许多平板电视、计算机显示器和投影仪都采用16:9比例，使其成为一种常用的尺寸，这种比例在视频制作和分享中非常方便，能够提供统一的观看体验。

步骤03 执行操作后，即可将图片调为16:9的比例，效果如图8-17所示。

图8-17 将图片调为16:9的比例

8.3 / 设置图像的“内容类型”

用户可以在Firefly中通过相关的关键词产生不同“内容类型”的图像效果，具体包括“照片”“图形”及“艺术”类型等，本节针对这些图像类型向读者进行详细介绍。

8.3.1 设置图像的照片模式

在Firefly中，照片模式可以模拟真实的照片风格，就像摄影师拍摄出来的照片效果一样，画面逼真，清晰度高。下面介绍设置图像照片模式的操作方法。

步骤01 进入“文字生成图像”页面，输入相应关键词，单击“生成”按钮，Firefly将根据关键词自动生成4张图片，如图8-18所示。

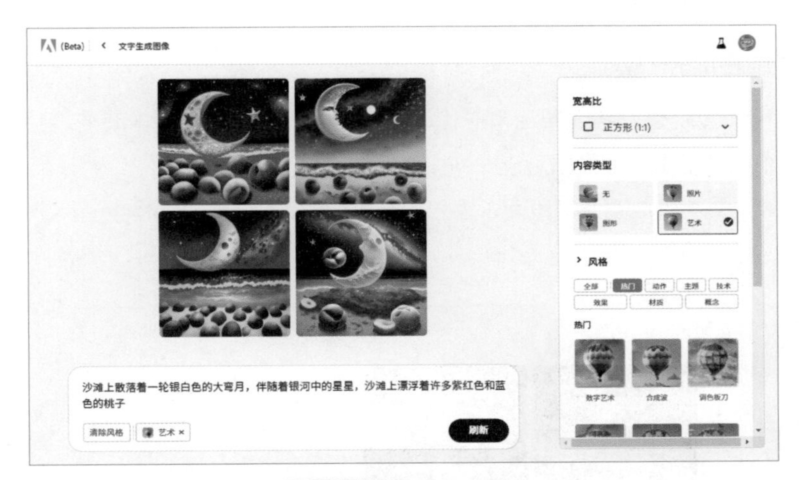

图8-18 生成4张图片

步骤 02 在页面右侧的“内容类型”选项区，单击“照片”按钮，如图8-19所示。

步骤 03 执行操作后，即可以照片模式显示风光图像，风格接近真实的画面效果，如图8-20所示。

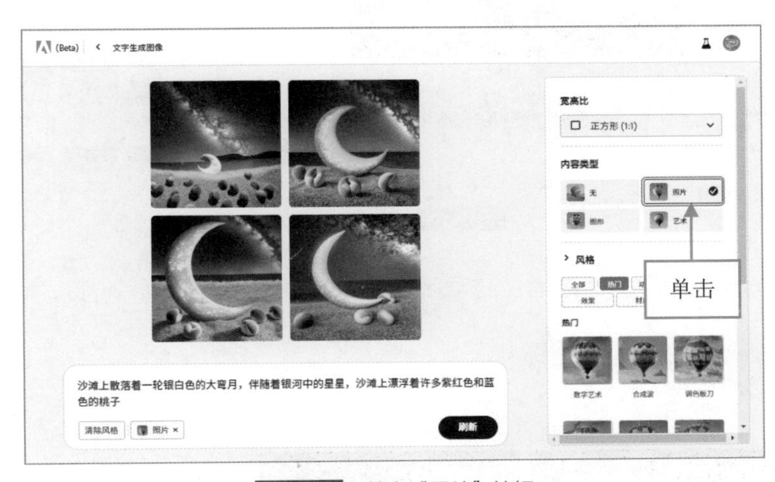

图8-19 单击“照片”按钮

图8-20 以照片模式显示风光图像

8.3.2 设置图像的图形模式

在Firefly中，图形模式是一种强调几何形状、线条和图案的风格，追求简洁、抽象和艺术性，强调构图和视觉效果。下面介绍设置图像图形模式的操作方法。

步骤 01 进入“文字生成图像”页面，输入相应关键词，单击“生成”按钮，Firefly将根据关键词自动生成4张图片，如图8-21所示。

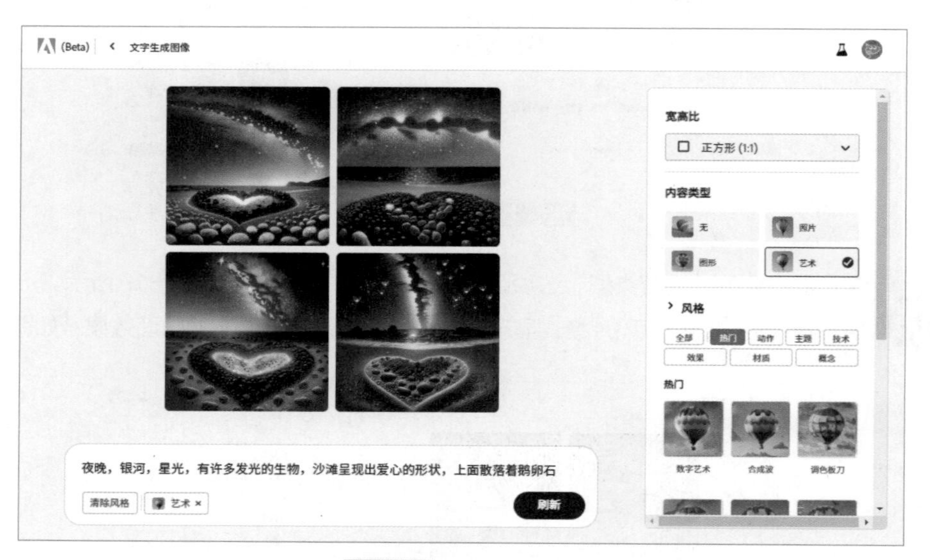

图8-21 生成4张图片

步骤 02 在页面右侧的“内容类型”选项区，单击“图形”按钮，然后设置“宽高比”为“宽屏”，如图8-22所示。

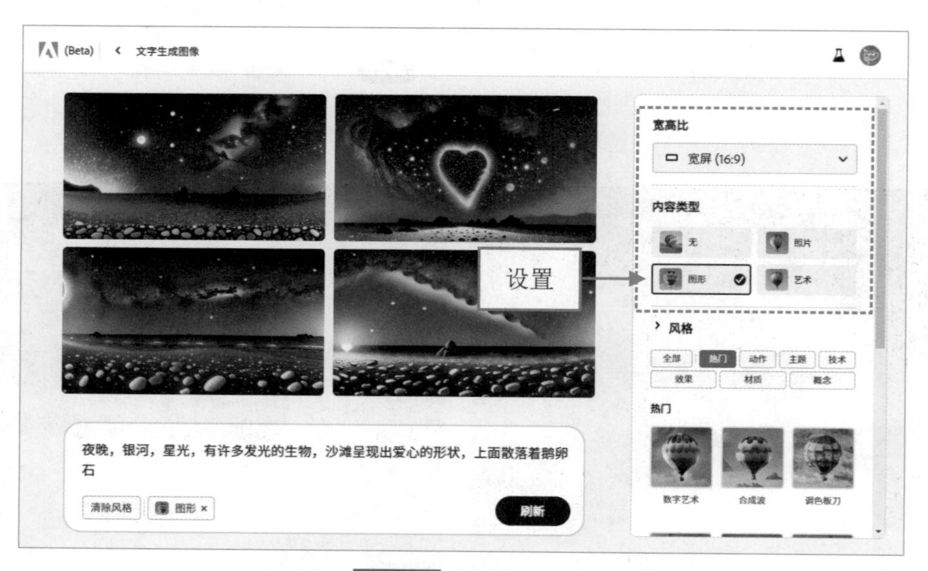

图8-22 设置各选项

步骤 03 执行操作后，即可以图形模式显示风光图像，突出了图像中的形状和线条，营造出饱满、生动的视觉效果，如图8-23所示。

图8-23　以图形模式显示风光图像

8.3.3　设置图像的艺术模式

在Firefly中，艺术模式是一种注重艺术表现和创意的风格，追求独特的视觉效果和情感传递，它强调作者的主观表达和个人创作，常常突破传统绘画的限制，创造出富有艺术性的画作，下面介绍具体操作方法。

步骤 01 进入“文字生成图像”页面，输入相应关键词，单击“生成”按钮，Firefly将根据关键词自动生成4张图片，系统默认的是“艺术”风格，如图8-24所示。

图8-24　系统默认的是“艺术”风格

温馨提示

艺术模式常常注重色彩和光影的运用，通过选择特定的色调、增强或减弱某些颜色，打造出引人注目的视觉效果。同时，光影的运用也是艺术模式中的重要元素，可以营造出戏剧性、神秘或梦幻的氛围。

步骤 02 在页面右侧的“宽高比”选项区，单击右侧的下拉按钮，在弹出的列表框中选择“宽屏”选项，即可将图片调为16:9的比例，如图8-25所示。

图8-25 将图片调为16:9的比例

步骤 03 放大预览图片效果，艺术模式突出了图像中的色彩和光影，使画面具有一定的视觉冲击力，效果如图8-26所示。

图8-26 放大预览图片效果

8.4 / 运用关键词进行绘画的案例

通过前面基础知识点的学习，本节主要讲解在Firefly中以文生图的相关典型案例，帮助大家更好地巩固本章所学的内容，创作出更多优质的AI作品。

8.4.1　制作可爱的卡通头像

可爱的卡通头像在许多应用场景中都非常受欢迎，特别是与年轻人、儿童和互联网文化相关的领域，具有很大的吸引力，它能够增加亲近感、表达个性、增添趣味，并与目标受众建立情感连接。下面介绍在Firefly中制作可爱的卡通头像的操作方法。

步骤 01 进入“文字生成图像”页面，输入相应关键词，单击“生成”按钮，Firefly将根据关键词自动生成4张可爱的头像，如图8-27所示。

图8-27　生成4张可爱的头像

步骤 02 在右侧“风格”选项区的“热门”选项卡中，选择“数字艺术”风格，如图8-28所示，单击“生成”按钮。

图8-28　选择“数字艺术”风格

步骤 03 重新生成数字艺术风格的头像效果，单击相应图片，预览大图效果，在图片右上角单击“下载”按钮⤓，如图8-29所示。

步骤 04 执行操作后，即可下载图片，预览生成的可爱头像效果，如图8-30所示。

图8-29 单击“下载”按钮

图8-30 预览生成的头像效果

温馨提示

在AI绘图中，生成可爱头像的关键词有：可爱（Cute）、卡通风格（Cartoon style）、大眼睛（Big eyes）、粉嫩色调（Pastel colors）、动物元素（Animal elements）、笑容（Smile）、俏皮（Playful）、娃娃脸（Doll-like face）。

8.4.2 制作优美的风光图像

风光图像在旅游推广中发挥着重要的作用，通过精美的摄影或绘画作品展示目的地的美景，可以引起游客的注意，并吸引他们前往探索，这对于旅游业来说是一种有效的宣传手段。下面介绍在Firefly中制作优美的风光图像的操作方法。

步骤 01 进入“文字生成图像”页面，输入相应关键词，单击“生成”按钮，Firefly将根据关键词自动生成4张风光图片，如图8-31所示。

图8-31 生成4张风光图片

步骤 02 在页面右侧设置“内容类型”为“无”，“宽高比”为“宽屏”，即可重新生成4张16:9比例的风光图片，如图8-32所示。

图8-32 重新生成4张风光图片

步骤 03 放大预览Firefly AI生成的风光图像，可以带给人们美的享受和视觉上的愉悦，效果如图8-33所示。

图8-33 放大预览风光图像

温馨提示

在AI绘图中，生成优美风光作品的关键词有：日出（Sunrise）、日落（Sunset）、山脉（Mountain range）、湖泊（Lake）、海滩（Beach）、瀑布（Waterfall）、花海（Flower field）、云彩（Clouds）、星空（Starry sky）。

8.4.3 制作科幻的电影角色

电影角色可以让观众对电影中的人物或动物有一个直观的印象，可以用来辅助电影角色的设计和创作过程。在Firefly中可以生成各种不同类型的角色形象，包括外貌、服装、发型、面部表情等，可以给电影创作者带来参考或灵感，从而加快角色设计的过程。下面介绍在Firefly中制作科幻电影角色的方法。

步骤01 进入“文字生成图像”页面，输入相应关键词，单击“生成”按钮，Firefly将根据关键词自动生成4张电影角色图片，如图8-34所示。

步骤02 在右侧设置“热门”为“混乱”，“宽高比”为“宽屏”，即可重新生成4张电影角色图片，如图8-35所示。

图8-34 生成4张电影角色图片

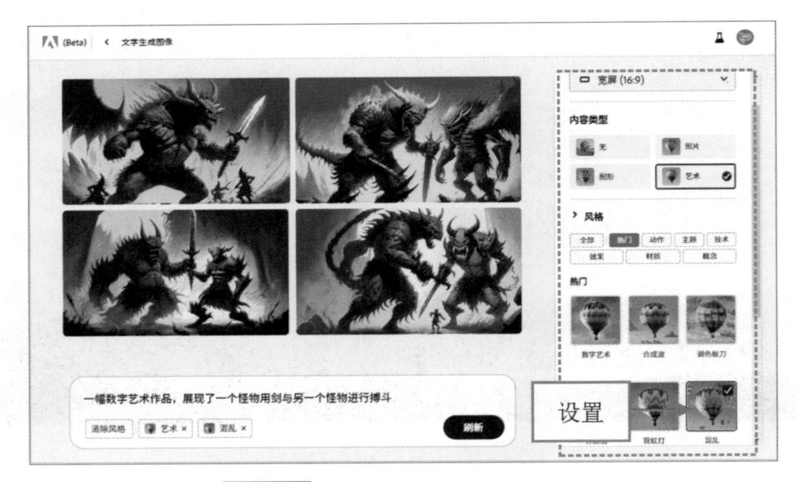

图8-35 重新生成4张电影角色图片

温馨提示

在Firefly中使用AI模型生成电影角色时，用到的重点关键词的作用分析如下。

（1）数字艺术（Digital art）：指使用数字技术创作和呈现的艺术形式，它包括数字绘画、数字摄影、数字雕塑等多种形式的创作。

（2）怪兽（Monster）：通常指虚构的、具有巨大体型和异常特征的生物，在电影、游戏和文学作品中常常出现，通常具有强大的力量和独特的外貌。

步骤 03 放大预览Firefly AI生成的电影角色，效果如图8-36所示。

图8-36 放大预览电影角色作品

在AI绘图中，生成科幻类电影角色的关键词有以下这些。

（1）服装装备：定义角色的服装和装备，如特殊的服饰、护甲、武器等。

（2）物种/人种：确定角色是人类、外星人、机器人、异次元生物等。

（3）能力技能：描述角色的超能力，如超级力量、操控元素、心灵控制等。

（4）角色性格：描述他们的性格、动机和背景故事，如英雄、反派、复仇者。

（5）外貌特征：描述角色的外貌特征，如身高、体型、肤色、面部特征等。

（6）背景环境：角色所处的世界是未来、太空、异次元还是后启示录的废墟。

（7）科技元素：描述角色是否与高科技有关，它们可能使用未来科技、搭载装置或与人工智能互动。

8.4.4 制作动画片卡通场景

卡通场景提供动画片中角色活动的背景环境，可以是城市街道、森林、山脉、海洋等各种自然或人工构造的地方。Firefly可以帮助动画制作团队设计出符合要求的卡通场景效果，通过输入相关的关键词或风格要求，AI生成的场景图像可以为动画制作人员提供新鲜的视觉刺激和想法，激发创造力，并启发他们设计出更加独特和引人注目的卡通场景。下面介绍在Firefly中制作动画片卡通场景的方法。

步骤 01 进入“文字生成图像”页面，输入相应关键词，单击“生成”按钮，Firefly将根据关键词自动生成4张动画片卡通场景图片，如图8-37所示。

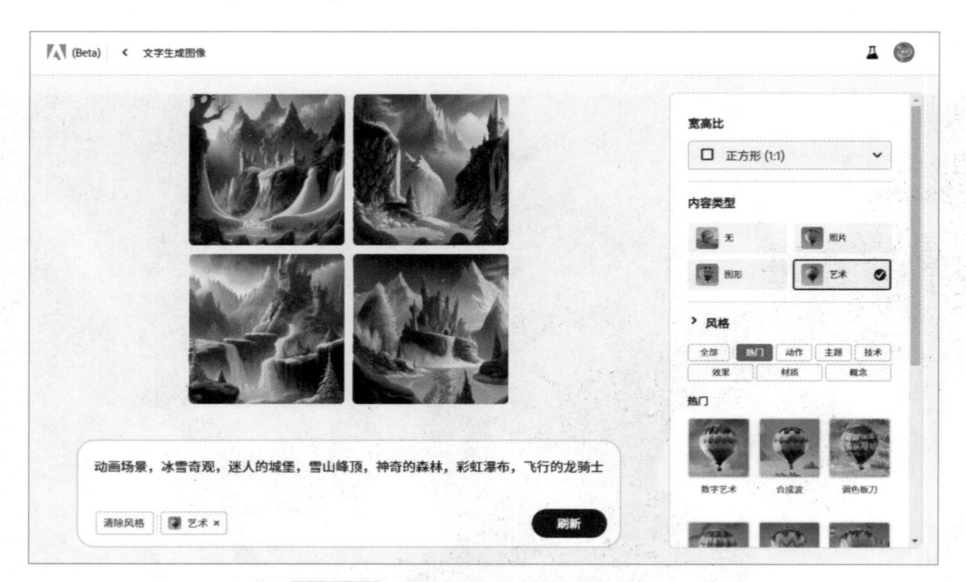

图8-37　生成4张动画片卡通场景图片

温馨提示

在AI绘图中，生成动画片卡通场景的关键词有：太阳（Sun）、天空（Sky）、自然（Nature）、城市（City）、海洋（Ocean）、森林（Forest）、花园（Garden）、山脉（Mountains）、岛屿（Islands）、动物（Animals）、怪物（Monsters）、仙女（Fairies）、神话生物（Mythical creatures）、恐龙（Dinosaurs）、跳跃（Jumping）、奔跑（Running）、飞行（Flying）。

步骤 02 在右侧设置“热门”为“数字艺术”，“内容类型”为“图形”，“宽高比”为“宽屏”，即可重新生成4张动画片卡通场景图片，如图8-38所示。

步骤 03 放大预览Firefly AI生成的动画片卡通场景图片，效果如图8-39所示。

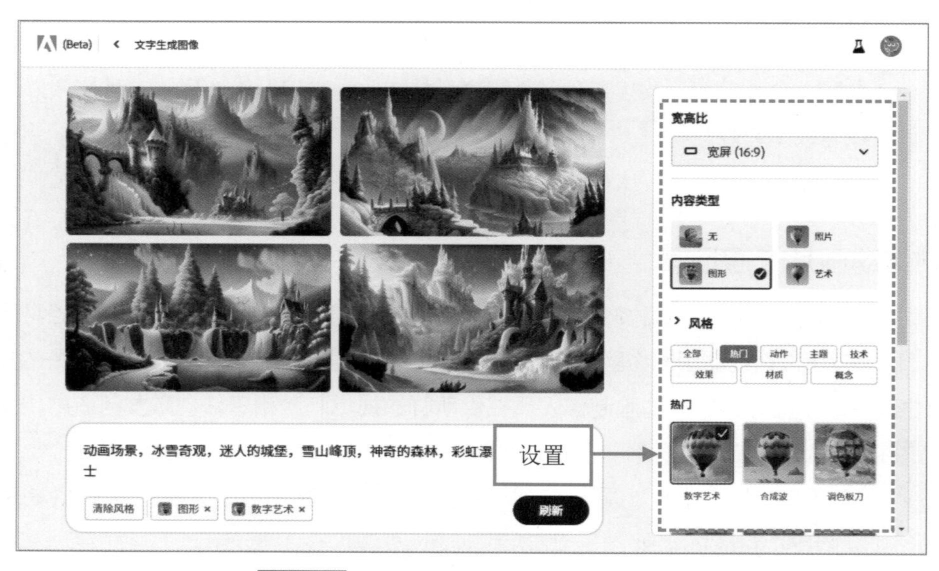

图8-38　重新生成4张动画片卡通场景图片

图8-39　放大预览动画片卡通场景图片

8.4.5　制作插画风格的图像

插画广泛应用于书籍、杂志、报纸等印刷品中，可以通过图像来讲述故事或传达信息，帮助读者更好地理解故事情节，增强文章或内容的可读性，并为读者提供更丰富的视觉体验。下面介绍在Firefly中制作插画风格的图像的方法。

步骤 01　进入“文字生成图像”页面，输入相应关键词，单击“生成”按钮，Firefly将根据关键词自动生成4张插画图片，如图8-40所示。

图8-40　生成4张插画图片

步骤 02 在右侧设置“内容类型”为“图形”，“宽高比”为“宽屏”，即可重新生成4张插画图片，如图8-41所示。

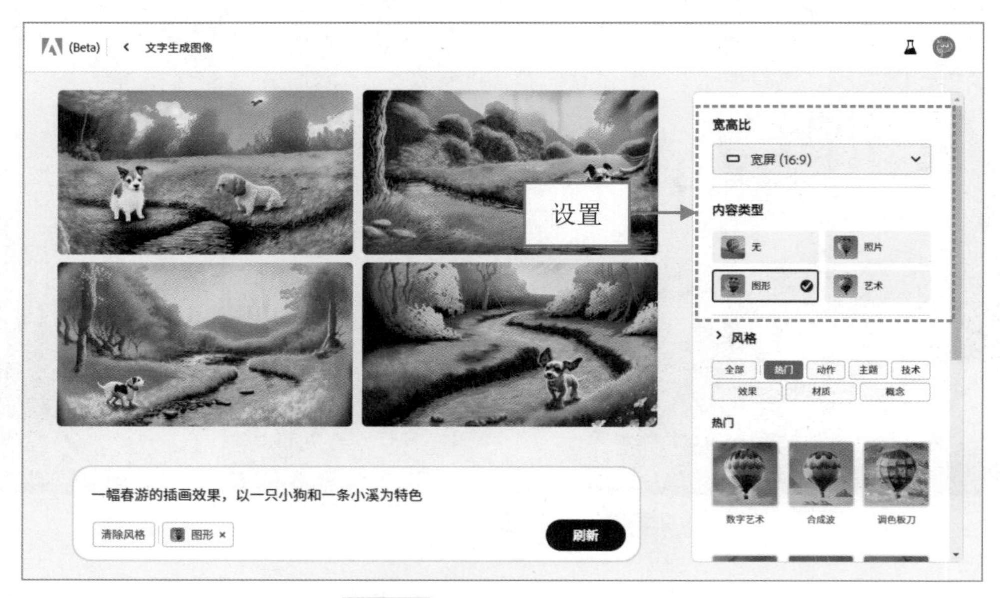

图8-41 重新生成4张插画图片

步骤 03 放大预览Firefly AI生成的插画图片，在一个有树、有草、有小溪的地方，一只小狗仰望着对面的风景，画面十分唯美，效果如图8-42所示。

图8-42 放大预览插画图片

温馨提示

在AI绘图中，生成插画作品的关键词有：插画（Illustration）、风格（Style）、卡通（Cartoon）、水彩（Watercolor）、扁平设计（Flat design）、手绘（Hand-drawn）、油画（Oil painting）、简约（Minimalist）、动物（Animals）。

本章小结

本章主要介绍了通过Adobe Firefly生成图像的多种方法，首先介绍了使用关键词描述生成图像；然后介绍了调整图像的宽高比，包括调出图像的正方形尺寸、横向尺寸、纵向尺寸及宽屏尺寸；接下来介绍了设置图像的“内容类型”，包括设置图像的照片模式、图形模式及艺术模式；最后通过5个典型案例详细讲解了AI绘画的具体操作，帮助读者达到灵活运用的目的。通过对本章的学习，读者能够更好地使用Firefly绘制出满意的AI作品。

课后习题

鉴于本章知识的重要性，为了帮助读者更好地掌握所学知识，下面将通过上机习题，帮助读者进行简单的知识回顾和补充。

本习题需要使用Adobe Firefly生成一幅秋天的插画风景图，图中还有两只可爱的小白兔在玩耍，效果如图8-43所示。

图8-43 最终效果

第9章 生成填充：移除对象并重新生成新图像

在Adobe Firefly中，“创意填充”的主要功能是使用画笔移除图像中不需要的对象，然后从文本描述中绘制新的对象到图像中，可以为图像添加细节或纹理、改善图像色彩和构图等，具有快速、高效、自动化等特点。本章主要介绍使用Firefly中的“创意填充”功能移除对象并重新生成新图像的操作方法。

9.1 / 添加与删除绘画区域

使用Firefly中的“创意填充”功能之前，首先需要掌握添加与减去绘画区域的基本操作，灵活控制图像中的绘画区域，才能更好地生成绘图效果。本节主要介绍添加与删除绘画区域的操作方法。

9.1.1 添加绘画区域修饰图片

在Firefly中的图像上移除对象之前，首先需要在图像上绘制一个区域。下面介绍添加绘画区域修饰图片的操作方法。

步骤01 进入Adobe Firefly（Beta）主页，在“创意填充”选项区单击“生成”按钮，如图9-1所示。

步骤02 执行操作后，进入“创意填充”页面，单击“上传图像”按钮，如图9-2所示。

步骤03 执行操作后，弹出“打开”对话框，选择一张素材图片（素材\第9章\9.1.1.jpg），如图9-3所示。

图9-1 单击“生成”按钮

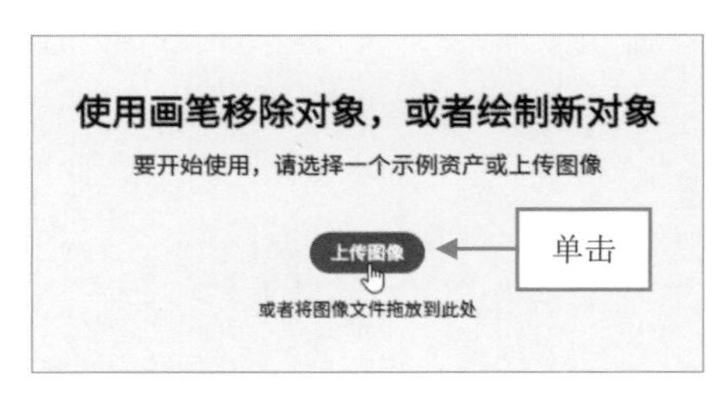

图9-2 单击“上传图像”按钮

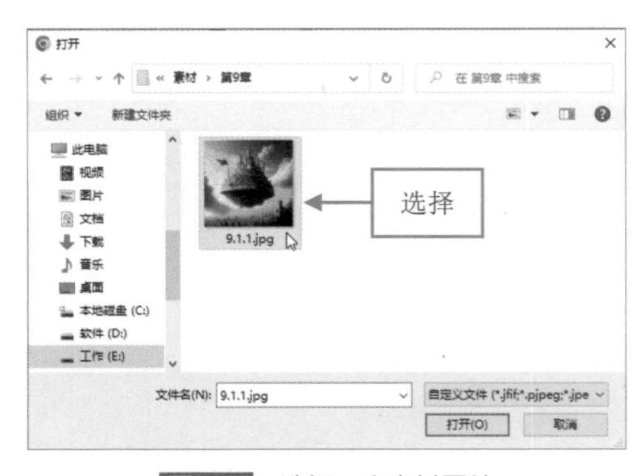

图9-3 选择一张素材图片

步骤 04 单击“打开”按钮，即可上传素材图片并进入“创意填充”编辑页面，如图9-4所示。

步骤 05 在页面下方选取“添加”画笔工具，在图片中的适当位置进行涂抹，涂抹的区域呈透明状态显示，如图9-5所示，这个透明区域即绘画区域。

图9-4　上传素材图片

图9-5　涂抹的区域呈透明状态显示

步骤 06 用上述同样的方法，在图片中的其他位置进行涂抹，将需要绘画的区域涂抹成透明区域，如图9-6所示，即可添加绘画区域。

步骤 07 在页面下方单击“生成”按钮，此时Firefly将对涂抹的区域进行绘图，工具栏中可以选择不同的图像效果，如选择第3个图像效果，单击“保留”按钮，如图9-7所示，即可应用生成图像效果。

图9-6　在其他位置进行涂抹

图9-7　单击“保留”按钮

温馨提示

如果用户对Firefly生成的图像效果不满意，此时可以单击下方的“更多”按钮，重新生成相应图像效果。用户还可以在页面中单击“取消”按钮，取消绘图操作，然后再次使用“添加”画笔工具对图像进行适当涂抹，涂抹完成后单击“生成”按钮，重新绘图。

步骤 08 在页面右上角的位置，单击“下载”按钮，如图9-8所示。

步骤 09 执行操作后，即可保存图像，效果如图9-9所示。

图9-8 单击“下载”按钮

图9-9 预览移除对象并绘制新对象的效果

9.1.2 减去绘画区域调整照片

当用户使用“添加”画笔工具在图像上涂抹的区域过大时，此时可以运用“减去”画笔工具进行涂抹，减去多余的透明区域，具体操作步骤如下。

步骤 01 进入“创意填充”页面，单击“上传图像”按钮，上传一张素材图片（素材\第9章\9.1.2.jpg），并进入“创意填充”编辑页面，如图9-10所示。

步骤 02 选取“添加”画笔工具，在图片中的适当位置进行涂抹，涂抹的区域呈透明状态显示，如图9-11所示。

图9-10 进入“创意填充”编辑页面

图9-11 在图片上进行涂抹

“添加”和“减去”画笔工具是绘图时常用的工具，利用这些画笔工具可以绘制边缘柔和的线条，且画笔的大小、边缘的硬度都可以灵活调节。

步骤 03 在页面下方选取“减去”画笔工具⊖，在上一步中涂抹过的透明区域再次进行涂抹，减去绘画区域，如图9-12所示，恢复图片原来的效果。

步骤 04 单击“生成”按钮，此时Firefly将对涂抹的区域进行绘图，单击“保留”按钮，如图9-13所示。

图9-12 减去绘画区域

图9-13 单击“保留”按钮

步骤 05 执行操作后，即可应用生成的图像效果，如图9-14所示。

图9-14 应用生成的图像效果

9.2 / 设置画笔的大小与硬度

设计师在绘图的过程中，根据图片上需要绘图的区域大小，可以设置画笔的大小与硬度属性，使画笔的大小贴合绘图的需要，这样可以提高绘图效率。本节主要介绍设置画笔大小与硬度的操作方法。

9.2.1 设置画笔大小

在图片上创建透明的绘画区域时，可以根据要涂抹的区域大小来设置画笔笔刷的大小，具体操作步骤如下。

步骤 01 在“创意填充”页面中，上传一张素材图片（素材\第9章\9.2.1.jpg），如图9-15所示。

步骤 02 在工具栏中单击“设置”按钮，弹出列表框，向右拖曳“画笔大小”下方的滑块，直至参数显示为“86%”，如图9-16所示，将画笔调大。

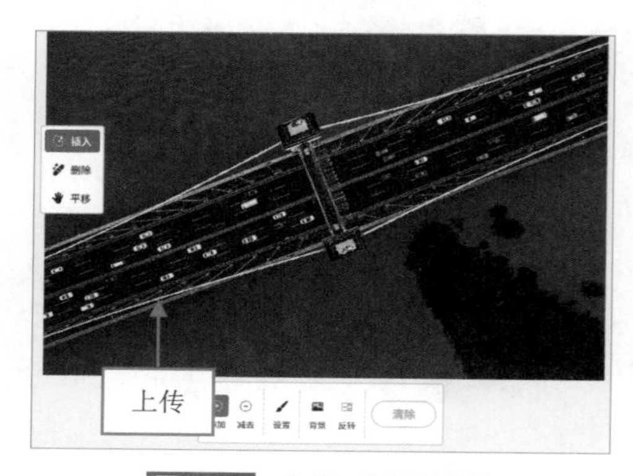

图9-15 上传一张素材图片

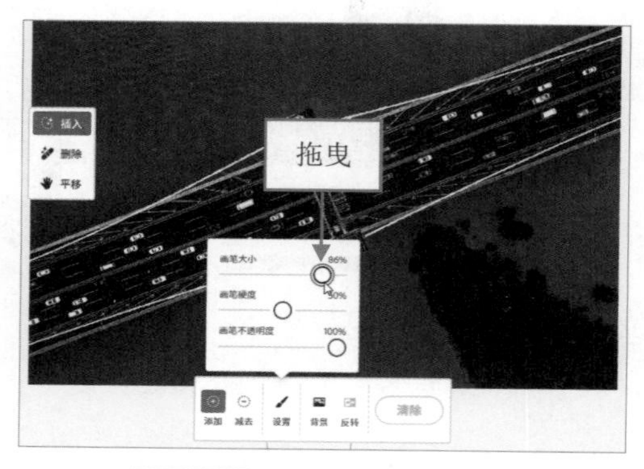

图9-16 设置参数为“86%”

步骤 03 运用“添加”画笔工具在图片上进行适当涂抹，将右侧多余的黑色污水涂抹掉，如图9-17所示。

步骤 04 再次单击“设置”按钮，弹出列表框，向左拖曳“画笔大小”下方的滑块，直至参数显示为“30%”，如图9-18所示，将画笔调小。

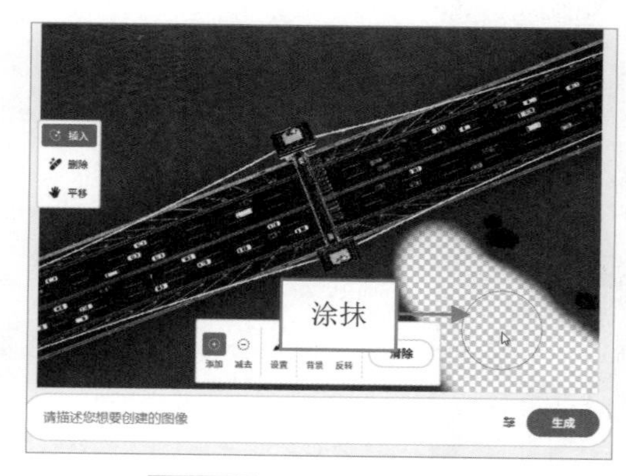

图9-17 将黑色污水涂抹掉

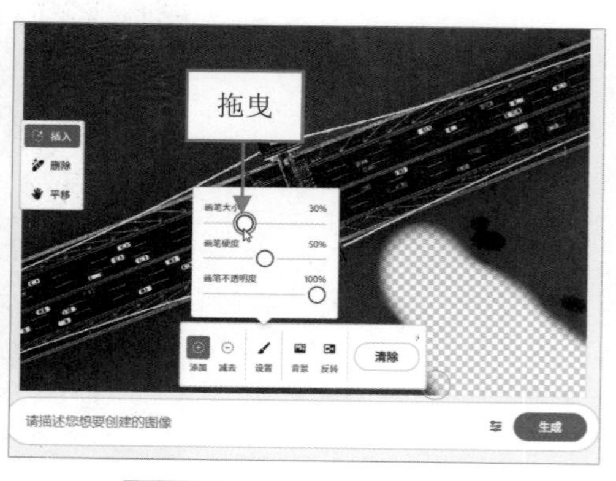

图9-18 设置参数为“30%”

步骤 05 在图片上进行适当涂抹，将右侧小块的黑色污水涂抹掉，如图9-19所示。

步骤 06 单击“生成”按钮，此时Firefly将对涂抹的区域进行绘图，单击“保留”按钮，即可应用生成的图像效果，如图9-20所示。

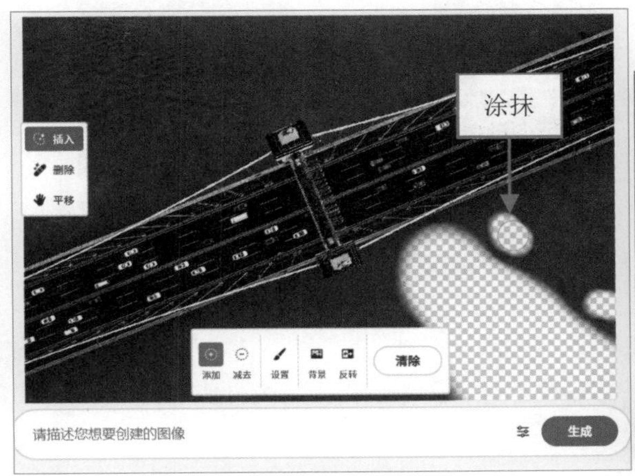

图9-19 将小块的污水涂抹掉

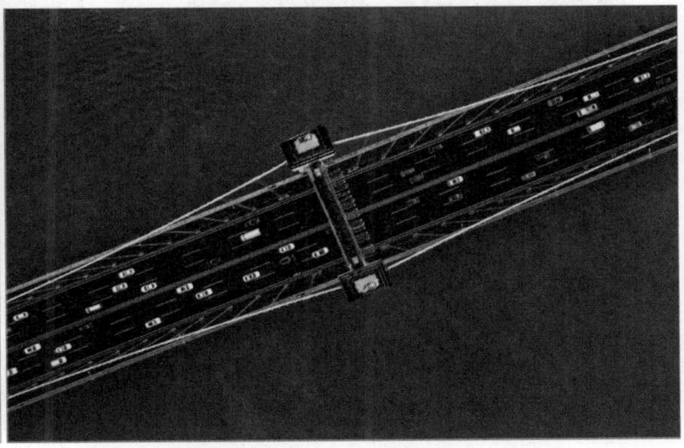

图9-20 应用生成的图像效果

9.2.2 设置画笔硬度

画笔硬度是指笔刷的硬度或柔软程度，画笔硬度的调整会影响笔触的特性和最终生成的图像效果。下面介绍设置画笔硬度的操作方法。

步骤 01 在“创意填充”页面中，上传一张素材图片（素材\第9章\9.2.2.jpg），如图9-21所示。

步骤 02 在工具栏中单击“设置”按钮，弹出列表框，向右拖曳“画笔硬度”下方的滑块，直至参数显示为“100%”，如图9-22所示，使绘制出来的透明区域边缘比较硬。

图9-21 上传一张素材图片

图9-22 设置参数为“100%”

步骤 03 运用“添加”画笔工具在图片右下角的水印上进行适当涂抹，将图片上的水印涂抹掉，如图9-23所示。

步骤 04 再次单击“设置”按钮，弹出列表框，向左拖曳“画笔硬度”下方的滑块，直至参数显示为“0%”，如图9-24所示，使绘制出来的透明区域边缘比较柔和。

图9-23 将图片上的水印涂抹掉

图9-24 设置参数为"0%"

温馨提示

较高的画笔硬度表示笔刷边缘更加锐利，绘制出来的透明区域比较硬；较低的画笔硬度则表示笔刷边缘更加柔和。

步骤 05 运用"添加"画笔工具在图片上的文字处进行多次涂抹，将文字涂抹掉，如图9-25所示，此时绘制出来的透明区域羽化较多，边缘比较柔和。

步骤 06 单击"生成"按钮，此时Firefly将对涂抹的区域进行绘图，图片修复完成后，单击"保留"按钮，如图9-26所示。

图9-25 将图片中的文字涂抹掉

图9-26 单击"保留"按钮

步骤 07 执行操作后，即可应用生成的图像效果，如图9-27所示。

图9-27 应用生成的图像效果

9.2.3 设置画笔不透明度

在绘画中，画笔不透明度是指笔刷应用到图像上时的透明程度。数值越高，绘画的区域越不透明；数值越低，绘画的区域越透明。通过调整“画笔不透明度”参数，可以控制绘画效果的透明度。下面介绍设置画笔不透明度的方法。

步骤 01 在“创意填充”页面中，上传一张素材图片（素材\第9章\9.2.3.jpg），如图9-28所示。

步骤 02 在工具栏中单击“设置”按钮，弹出列表框，拖曳“画笔不透明度”下方的滑块，设置参数为“50%”，如图9-29所示，表示被涂抹的区域呈半透明。

图9-28 上传一张素材图片

图9-29 设置参数为“50%”

步骤 03 运用“添加”画笔工具在图片中的适当位置进行涂抹，如图9-30所示。

步骤 04 单击“生成”按钮，此时Firefly将对涂抹的区域进行绘图，可以看到呈半透明区域已被重新绘画，在工具栏中选择第3个图像效果，如图9-31所示。

图9-30 在适当位置进行涂抹

图9-31 选择第3个图像效果

在本章前面的那些案例中，默认情况下“画笔不透明度”参数均设置为“100%”，所以重新生成的效果令人满意。如果用户不希望完全去除图像中的绘画区域，此时可以更改画笔的不透明度参数，这样可以重新生成具有一定差异性的画面效果。

步骤 05 单击“保留”按钮，应用生成的图像效果，如图9-32所示。

图9-32 应用生成的图像效果

9.2.4 一键删除画面背景

在“创意填充”编辑页面中，使用“背景”工具可以快速去除图像背景，将主体图像抠出，具体操作方法如下。

步骤 01 在“创意填充”页面中，上传一张素材图片（素材\第9章\9.2.4.jpg），如图9-33所示。

步骤 02 在工具栏中，单击“背景”按钮，Firefly将快速去除主体对象的背景，效果如图9-34所示。

步骤 03 在下方的关键词输入框中输入“深色渐变背景”，如图9-35所示。

图9-33 上传一张素材图片

图9-34 快速去除主体对象的背景

步骤 04 单击“生成”按钮，即可生成相应的背景效果，如图9-36所示。

图9-35 输入相应关键词

图9-36 生成相应的背景效果

9.3 / 移除对象并生成填充的效果

“创意填充”功能为图像设计提供一种实用的创意工具，可以用于加速创作过程、探索新颖的创作方向，本节通过案例的形式详细介绍这种强大功能的具体用法，希望读者熟练掌握本节内容。

9.3.1 快速移除画面中的路人

当我们在旅游景点拍摄风光照片时，有时候路人会影响整个画面的质感，此时可以在“创意填充”编辑页面中，去除画面中的路人，具体操作步骤如下。

步骤 01 在“创意填充”页面中，上传一张素材图片（素材\第9章\9.3.1.jpg），如图9-37所示。

步骤 02 运用“添加”画笔工具在图片中的多个人物处进行适当涂抹，涂抹的区域呈透明状态显示，如图9-38所示。

图9-37 上传一张素材图片

图9-38 涂抹的区域呈透明状态显示

步骤 03 单击"生成"按钮，此时Firefly将对涂抹的区域进行绘图，单击"保留"按钮，如图9-39所示。

步骤 04 执行操作后，即可快速移除画面中的路人，效果如图9-40所示。

图9-39 单击"保留"按钮

图9-40 快速移除画面中的路人

9.3.2 给照片中的人物换件衣服

如果觉得照片中人物的服装不好看，此时可以通过"创意填充"功能给人物换一件衣服，具体操作步骤如下。

步骤 01 在"创意填充"页面中，上传一张素材图片（素材\第9章\9.3.2.jpg），如图9-41所示。

步骤 02 运用"添加"画笔工具在图片中人物的服装处进行涂抹，涂抹的区域呈透明状态显示，如图9-42所示，在绘图过程中用户可以自由调节画笔大小。

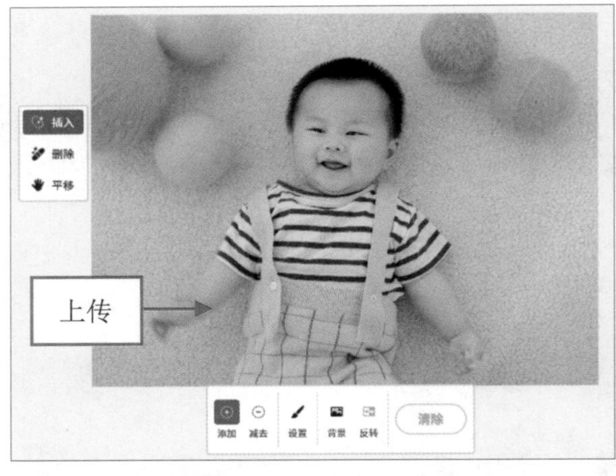

图9-41 上传一张素材图片

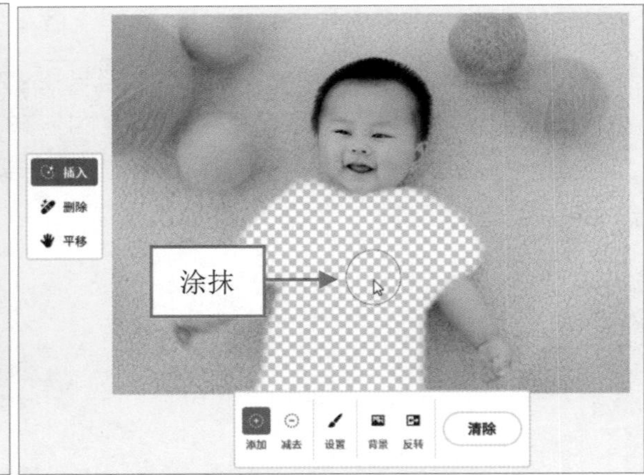

图9-42 在服装处进行涂抹

步骤 03 在下方的关键词输入框中输入"英伦风格的童装"，单击"生成"按钮，如图9-43所示。

步骤 04 执行操作后，即可生成相应的人物服装效果，如图9-44所示，单击"保留"按钮。

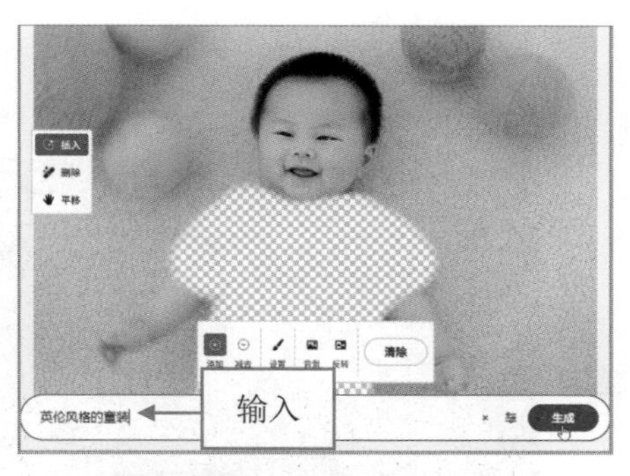

图9-43 单击“生成”按钮

图9-44 生成人物服装效果

9.3.3 将天空换成蓝天白云的效果

由于拍摄环境的影响，拍摄出来的照片天空不好看，此时在Firefly中可以给照片换一个天空，蓝天白云的场景能让人心情愉悦。下面介绍将天空换成蓝天白云的操作方法。

步骤 01 在“创意填充”页面中，上传一张素材图片（素材\第9章\9.3.3.jpg），如图9-45所示。

步骤 02 运用“添加”画笔工具在照片中的天空处进行涂抹，涂抹的区域呈透明状态显示，如图9-46所示。

图9-45 上传一张素材图片

图9-46 在天空处进行涂抹

步骤 03 在下方的关键词输入框中输入“蓝天白云”，如图9-47所示，单击“生成”按钮。

步骤 04 执行操作后，即可生成蓝天白云效果，如图9-48所示，单击“保留”按钮。

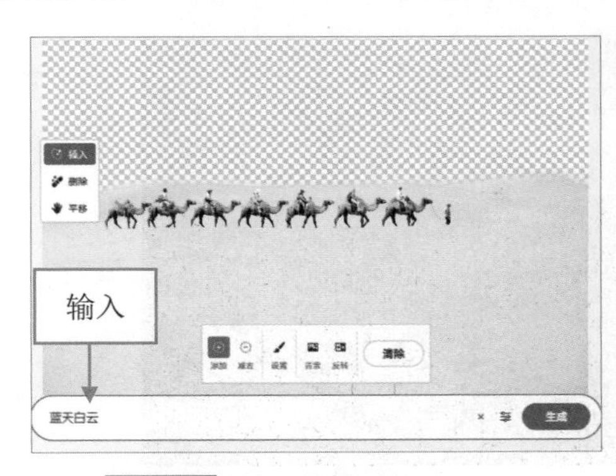

图9-47 输入相应关键词

图9-48 生成蓝天白云效果

9.3.4 在山顶上添加一个湖泊景点

在图片中添加一个湖泊，可以使画面内容更加丰富，下面介绍具体操作方法。

步骤 01 在“创意填充”页面中，上传一张素材图片（素材\第9章\9.3.4.jpg），如图9-49所示。

步骤 02 运用“添加”画笔工具在图片中的适当位置进行涂抹，涂抹的区域呈透明状态显示，如图9-50所示。

步骤 03 在下方的关键词输入框中输入“湖泊”，单击“生成”按钮，即可在高山顶上添加一个湖泊，在工具栏中选择第2个图像效果，如图9-51所示。

图9-49 上传一张素材图片

图9-50 在适当位置进行涂抹

图9-51 选择第2个图像效果

步骤 04 单击“保留”按钮，即可生成相应的图像效果，如图9-52所示。

图9-52 生成相应的图像效果

9.3.5 在优美的风景中添加一群飞鸟

飞鸟可以在画面中起到装饰的作用，可以为画面带来生机与活力。下面介绍在优美的风景中添加一群飞鸟的方法，具体操作步骤如下。

步骤 01 在“创意填充”页面中，上传一张素材图片（素材\第9章\9.3.5.jpg），如图9-53所示。

步骤 02 运用“添加”画笔工具在照片中的天空处进行多次涂抹，然后在下方的关键词输入框中输入“飞鸟”，如图9-54所示，单击“生成”按钮。

图9-53 上传一张素材图片

图9-54 输入相应关键词

步骤 03 即可在画面中添加一群飞鸟，在工具栏中选择第2个图像效果，如图9-55所示。

步骤 04 单击“保留”按钮，即可生成相应的图像效果，如图9-56所示。

图9-55 选择第2个图像效果

图9-56 生成相应的图像效果

在“创意填充”页面中，用户还可以使用相同的方法在蓝天白云中添加一架飞机飞过高空，这样的图像也有画龙点睛之效。

9.3.6 给照片中的人物换一个发型

发型在外貌和形象中起着重要的作用，一个适合自己的发型可以使人感到更加自信和满意，在外貌上也能展示出自己的风格和形象。下面介绍更换人物发型的操作方法。

步骤 01 在“创意填充”页面中，上传一张素材图片（素材\第9章\9.3.6.jpg），如图9-57所示。

步骤 02 运用“添加”画笔工具在人物的头发处进行涂抹，涂抹的区域呈透明状态显示，如图9-58所示。

图9-57 上传一张素材图片

图9-58 在人物的头发处进行涂抹

步骤 03 在下方的关键词输入框中输入“一头漂亮的卷发”，单击“生成”按钮，即可更换人物的发型，在工具栏中选择第3个图像效果，如图9-59所示。

步骤 04 单击“保留”按钮，即可生成相应的图像效果，如图9-60所示。

图9-59 选择第3个图像效果

图9-60 生成相应的图像效果

9.3.7 将照片中的春景变为秋景

在“创意填充”编辑页面中涂抹图像后，输入相应的关键词，可以更换照片的四季风景，可以将春景变为秋景，具体操作步骤如下。

步骤 01 在“创意填充”页面中，上传一张素材图片（素材\第9章\9.3.7.jpg），如图9-61所示。

步骤 02 运用“添加”画笔工具在图片中的绿色场景处进行涂抹，涂抹的区域呈透明状态显示，在下方的关键词输入框中输入“秋天的场景”，如图9-62所示。

图9-61 上传一张素材图片

图9-62 输入相应关键词

步骤 03 单击“生成”按钮，即可将照片中的春景改为秋景，在工具栏中选择第3个图像效果，如图9-63所示。

步骤 04 单击“保留”按钮，即可生成相应的图像效果，如图9-64所示。

图9-63 选择第3个图像效果

图9-64 生成相应的图像效果

本章小结

本章主要介绍了通过Adobe Firefly移除对象并重新生成新图像的操作方法，首先介绍了添加与删除绘画区域；然后介绍了设置画笔大小、画笔硬度、画笔不透明度及删除画面背景等操作；最后通过7个典型案例详细讲解了移除对象并生成填充效果的操作方法，如快速移除画面中的路人、给照片中的人物换件衣服、将天空换成蓝天白云的效果、给照片中的人物换一个发型及将照片中的春景变为秋景等。通过对本章的学习，读者能够更好地使用Firefly中的“创意填充”功能，创作出满意的AI作品。

课后习题

鉴于本章知识的重要性，为了帮助读者更好地掌握所学知识，下面将通过上机习题，帮助读者进行简单的知识回顾和补充。

本习题需要掌握使用Adobe Firefly移除照片下方水印文字的操作方法，素材与效果对比如图9-65所示。

图9-65 素材与效果对比

第10章 文字特效：调出吸人眼球的文本效果

“文字效果”的主要功能是使用相应的文本提示将艺术样式或纹理应用于文本，制作出独一无二的文字艺术特效，该功能适合需要制作文字广告的设计师使用。本章主要介绍使用 Firefly 的“文字效果”功能制作文字特效的方法。

10.1 / 调整文本的属性

在Adobe Firefly中制作文字特效前，要先掌握好调整文本属性的方法，如设置文本的效果匹配、文本的字体属性及文本的颜色与背景等，掌握好这些基本操作，才能更好地创作需要的文字效果。

10.1.1 设置文本的匹配形状

在“文字效果”页面中，通过设置文本的“匹配形状”属性，可以使其在视觉上更加吸引人或突出某种特点，包括应用特殊的字体、描边及阴影等效果，以改变文字的外观和呈现方式。

“匹配形状”选项区包含3种文字效果，即“紧致”效果、“中等”效果及“松散”效果，下面分别进行简单介绍。

1. “紧致”效果

“紧致”是一个用于描述文本与其周围空间或元素之间的紧密程度的术语，表示文本与周围元素的紧凑性，在视觉上形成一种紧凑、集中的文本外观。

为文本应用“紧致”效果的操作很简单，首先进入“文字效果”页面，在左侧输入文本“Plant”，在右侧输入“丛林藤蔓和鸟”，单击“生成”按钮，如图10-1所示。

执行操作后，即可生成相应的文本效果，在右侧的“匹配形状”选项区，选择“紧致”选项，即可应用文本的紧凑效果，如图10-2所示。

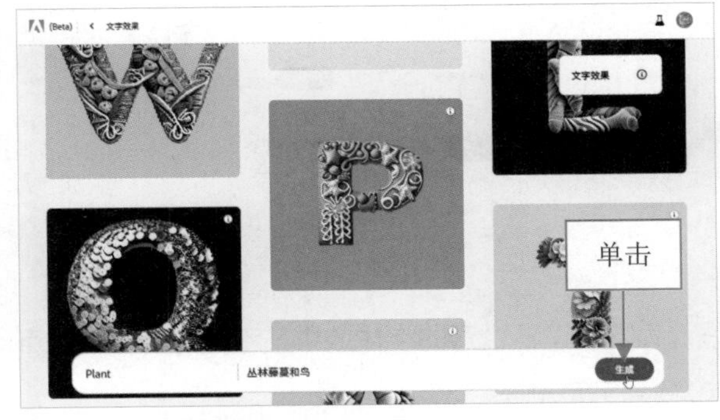

图10-1 单击“生成”按钮

图10-2 应用文本的紧凑效果

可以看出，文字应用了丛林藤蔓和鸟的效果，文字与藤蔓图案紧凑地挨在一起，没有过多的艺术表现。

在Firefly文字效果的下方，有4种文字样式，单击相应的缩略图，可以预览不同的文字效果，如图10-3所示。

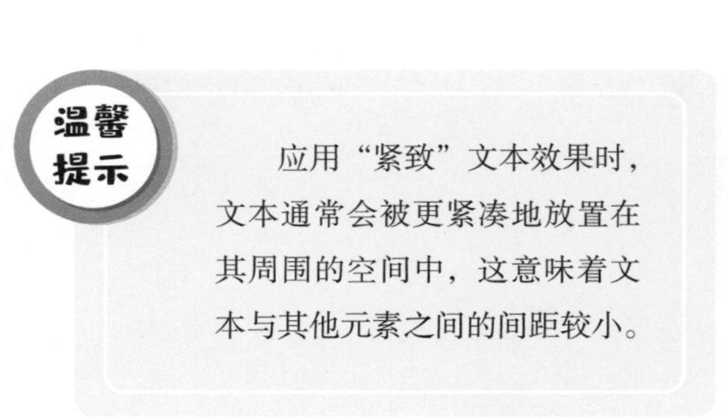
温馨提示

应用“紧致”文本效果时，文本通常会被更紧凑地放置在其周围的空间中，这意味着文本与其他元素之间的间距较小。

图10-3　预览不同的文字效果

2. “中等”效果

“中等”效果比“紧致”的文字效果稍微宽松一点点，介于紧凑与宽松之间，可以让文字效果有一些艺术的表现。在右侧的“匹配形状”选项区，选择“中等”选项，即可应用文本的中等效果，如图10-4所示。可以看出，文字上的丛林藤蔓和鸟的效果有一些扩展拉丝的艺术表现，比紧凑的文字效果更漂亮一点。

3. “松散”效果

“松散”主要用来描述文字之间或文字与效果元素之间的宽松程度，当文字上应用“松散”效果时，文本通常会以较宽松的方式排列，这意味着文字与效果元素之间的间距会较大，使文字有更多的艺术表现。

在右侧的“匹配形状”选项区，选择“松散”选项，即可应用文本的宽松效果，如图10-5所示。可以看出，文字上的丛林藤蔓和鸟的效果有了更强的艺术表现，与文字之间的间距更加宽松。

图10-4　应用文本的中等效果

图10-5　应用文本的宽松效果

10.1.2　设置文本的字体样式

在Firefly中，“字体”是指用户可以根据需求或设计为文字设置合适的字体效果，不同的字体样式可以传递不同的情感和风格。下面介绍设置文本字体样式的操作方法。

步骤 01 进入“文字效果”页面，在左侧和右侧文本框中均输入“苹果”，单击“生成”按钮，即可生成相应的文字效果，如图 10-6 所示。

步骤 02 在右侧的“字体”选项区，选择相应的字体选项，即可设置文字的字体效果，如图 10-7 所示，这种文字效果在视觉上具有一定的吸引力和艺术性。

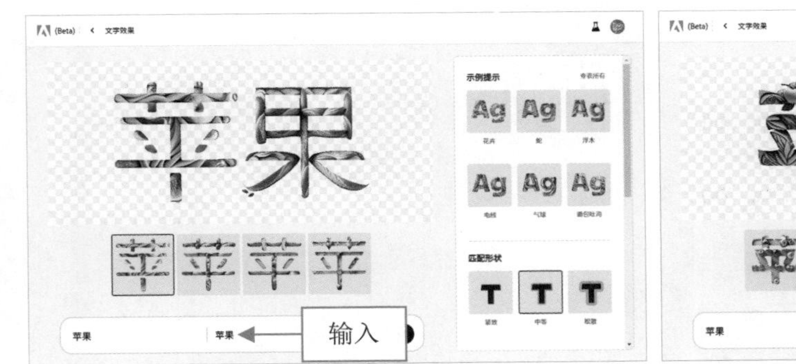

图 10-6　生成相应的文字效果

图 10-7　设置文字的字体效果

10.1.3　设置文本的背景色

在文字效果中，“背景色”指的是应用于文本背景的颜色，它的作用是为文字提供一个背景环境，使其在设计中更加突出或与其他元素形成对比。下面介绍设置文本背景颜色的方法。

步骤 01 进入“文字效果”页面，在左侧输入文本“Love”，在右侧输入“粉金色气球”，表示生成粉金色气球的字体样式，单击“生成”按钮，即可生成相应的文字效果，如图 10-8 所示。

当有朋友过生日，或者有新人结婚时，我们在布置房间的时候，经常能看到这种粉金色气球的字体样式，能给人一种喜庆感。

另外，不同的背景颜色可以引发不同的情感反应，例如红色可以传递热情和活力，蓝色可以传递冷静和专业。在品牌设计中，使用与品牌标识或形象相关的背景颜色可以增强品牌的一致性和识别度。

步骤 02 在右侧的“颜色”选项区，单击“背景色”选项下方的色块，比如单击黄色色块，即可将文字背景设置为黄色效果，如图 10-9 所示。

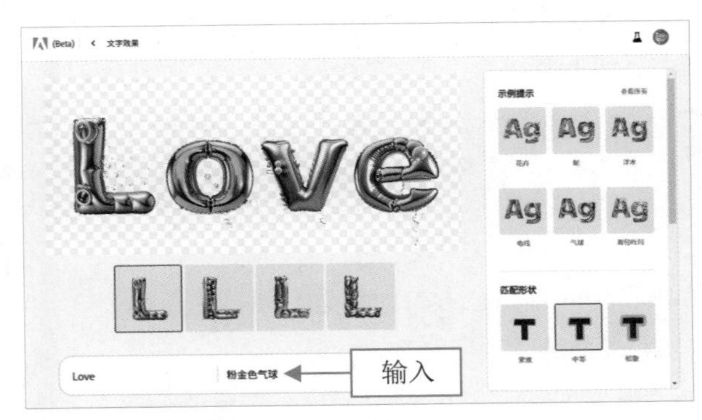

图 10-8　生成粉金色气球的字体样式

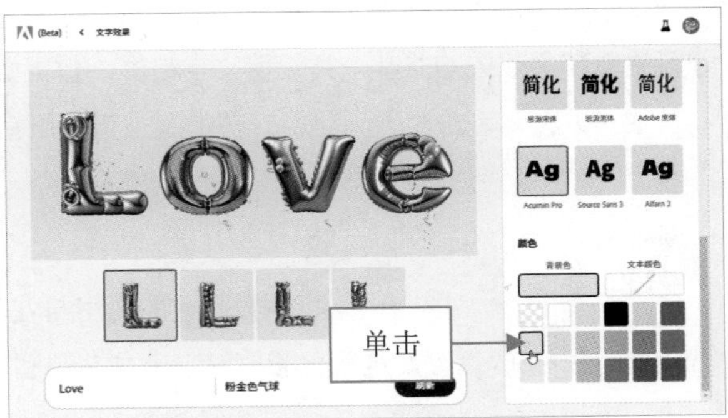

图 10-9　将文字背景设置为黄色效果

步骤 03 如果单击绿色色块，可以将文字背景设置为绿色效果，如图10-10所示。通过选择鲜明或对比度较高的背景颜色，可以使文字在设计中更加突出，能吸引观众的注意力，使文字和其他元素之间形成清晰的分隔。

图10-10 将文字背景设置为绿色效果

温馨提示

进入“文字效果”页面，在右侧的“颜色”选项区，单击“文本颜色”选项下方的色块，可以设置文本的字体颜色属性。选择适当的文字颜色可以确保文字在背景上清晰可见，提高阅读的舒适性和易读性。

10.2 / 应用文本示例效果

文字效果在广告、标识、网页设计、平面设计、电影制作、舞台演出等多个方面有重要的应用，可以提升视觉吸引力、传达信息、塑造形象，并制作出独特的视觉效果。本节主要讲解多种文字示例效果的应用，帮助大家创作出专业、个性的文字效果。

10.2.1 应用“花卉”样式的文字效果

“花卉”文字样式通常会使用花朵、花蕊、叶子等花卉元素进行装饰，以营造与花朵相关的氛围和视觉效果。下面介绍使用“花卉”样式制作文字效果的方法。

步骤 01 进入“文字效果”页面，在左侧和右侧文本框中均输入“玫瑰花”，单击“生成”按钮，即可生成花卉效果的文字，并设置文字字体，效果如图10-11所示。

步骤 02 单击“示例提示”右侧的“查看所有”按钮，展开相应面板，在“自然”选项区选择“花卉”，将文字设置为鲜花样式，效果如图10-12所示。

“花卉”文字样式通常使用与花朵相呼应的自然色彩，如粉色、绿色、蓝色、紫色等，这些色彩能够带来与花朵和自然相关的感觉和情绪。

图10-11　生成鲜花效果的文字

图10-12　将文字设置为鲜花样式

10.2.2　应用“岩浆”样式的文字效果

“岩浆”文字样式通常会使用熔岩、岩浆等火山元素进行装饰，以营造炽热流动的岩浆效果。下面介绍使用“岩浆”样式制作文字效果的方法。

步骤 01 进入“文字效果”页面，在左侧输入文本“Good”，在右侧输入“熔岩”，单击“生成”按钮，即可生成相应的文字效果，如图 10-13 所示。

步骤 02 单击“示例提示”右侧的“查看所有”按钮，展开相应面板，在“自然”选项区选择“岩浆”示例效果，将文字设置为红色岩浆流动的样式，效果如图 10-14 所示。

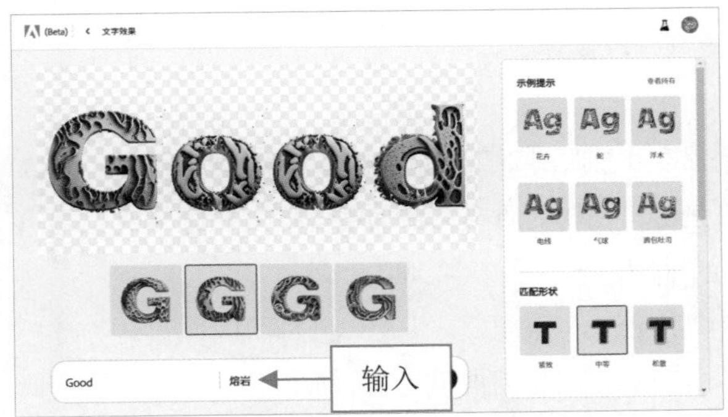

图10-13　生成相应的文字效果

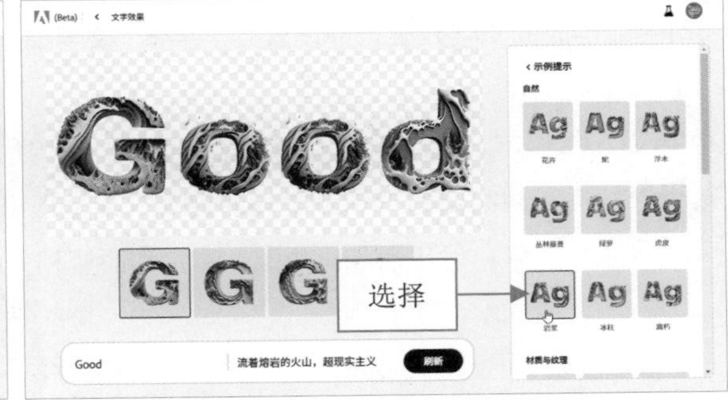

图10-14　将文字设置为红色岩浆流动的样式

10.2.3　应用“面包吐司”样式的文字效果

“面包吐司”文字样式通常模仿烤面包的外观，字母形状呈现出类似烤面包的纹理和质感。下面介绍使用“面包吐司”样式制作文字效果的方法。

步骤 01 进入“文字效果”页面，在左侧输入文本“吐司”，在右侧输入“食物”，单击“生成”按钮，即可生成相应的文字效果，并设置文字字体，效果如图 10-15 所示。

“面包吐司”文字样式通常使用褐色和土黄色调，以突出烤面包的颜色和外观，字母形状会有类似面包断层的线条或纹理，表现面包的特点。

步骤 02 单击“示例提示”右侧的“查看所有”按钮，展开相应面板，在“食品饮料”选项区选择“面包吐司”示例效果，将文字设置为Firefly中的面包吐司图案样式，效果如图10-16所示。

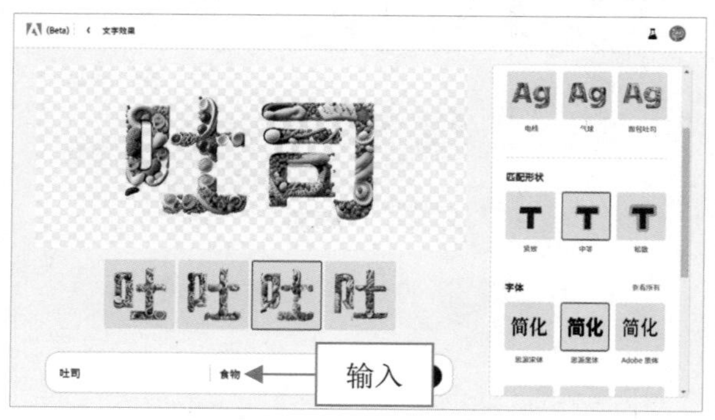

图10-15 生成相应的文字效果

图10-16 将文字设置为面包吐司图案样式

10.2.4 应用“甜甜圈”样式的文字效果

“甜甜圈”文字样式通常以环形形状的字母为特点，模仿甜甜圈的外观，通常使用糖霜装饰增加视觉吸引力，如彩色的糖霜涂层或装饰性的糖果颗粒，以增加甜甜圈的元素，这种文字样式广泛应用于糕点店、甜品品牌、儿童相关的设计等。下面介绍使用“甜甜圈”样式制作文字效果的方法。

步骤 01 进入“文字效果”页面，在左侧和右侧文本框中均输入“巧克力”，单击“生成”按钮，即可生成相应的文字效果，并设置文字字体，效果如图10-17所示。

“甜甜圈”文字样式通过口感和质感的形态强调甜甜圈的特点，文字会有类似甜甜圈的丰满和柔软的外观，或呈现出光滑、松软的质感，增加视觉层次和触感效果，以传达与甜甜圈、甜食和甜蜜相关的主题。

步骤 02 单击“示例提示”右侧的“查看所有”按钮，展开相应面板，在“食品饮料”选项区选择“甜甜圈”示例效果，将文字设置为Firefly中的甜甜圈图案样式，效果如图10-18所示，这样的文字效果让人看上去很有食欲。

图10-17 生成相应的文字效果

图10-18 将文字设置为甜甜圈图案样式

在Firefly中制作文字效果时，输入关键词描述的时候，尽量用英文。在文字效果这方面，Firefly对中文的识别率还不太高，或许在后续的升级版本中会有改善。

10.3 / 制作不同风格的文字效果

通过前面知识点的学习，我们掌握了设置文本字体属性与背景颜色的方法，在本节中主要通过文字特效的典型案例，向大家详细讲解不同艺术文字效果的制作方法。

10.3.1 制作金属样式的文字效果

金属文字常常用于奢侈品和高端产品的包装设计中，可以传达产品的高级感和品质保证。下面介绍制作金属样式的文字效果的方法。

步骤 01 进入“文字效果”页面，在左侧输入文本“Ar”，在右侧输入“金属颜色”，单击“生成”按钮，生成金属文字效果，如图10-19所示。

步骤 02 在右侧的“字体”选项区，选择“Cooper”字体，即可设置文字的字体效果，如图10-20所示，金属文字上带着一些艺术性，给人一种高端品牌的视觉感。

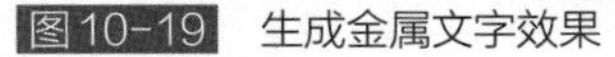
图10-19 生成金属文字效果

图10-20 设置文字的字体效果

10.3.2 制作美食样式的文字效果

美食文字在餐厅和咖啡馆中扮演着重要角色，常被用于设计餐厅的招牌、菜单和宣传材料，以吸引客人的兴趣。下面介绍制作美食样式的文字效果的方法。

步骤 01 进入“文字效果”页面，在左侧和右侧文本框中均输入“美食”，单击“生成”按钮，即可生成相应的文字效果，如图10-21所示。

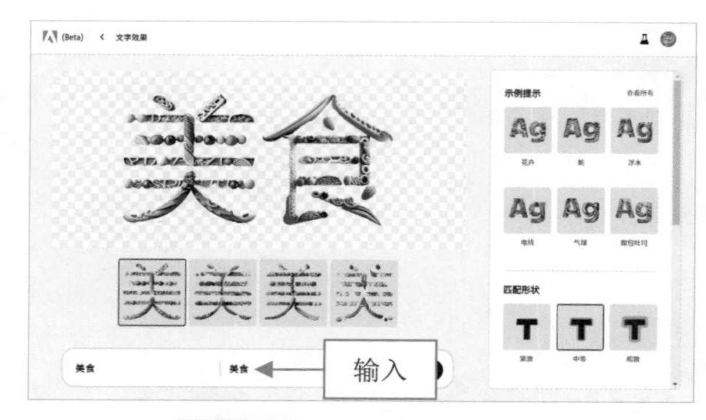

图10-21　生成相应的文字效果

步骤 02 在右侧的“字体”选项区，选择相应的字体，即可设置文字的字体效果，在下方选择第3种文字样式，如图10-22所示。

步骤 03 在右侧的“背景色”选项下方单击淡粉色色块，即可将文字背景设置为淡粉色效果，主体文字在淡粉色的背景上，轮廓更加清晰，字体更有立体感，就像一份美味的食物一样，如图10-23所示。

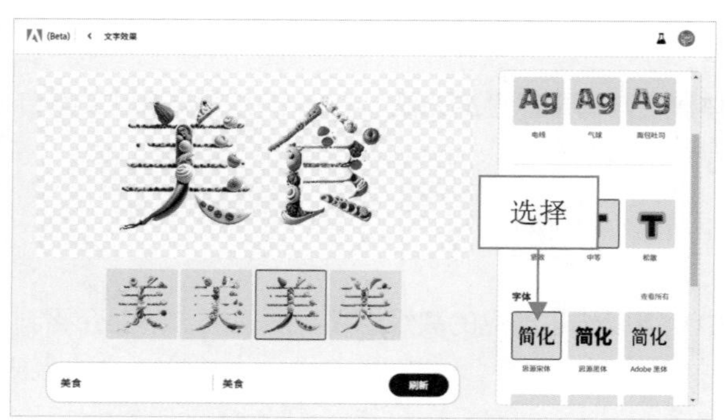

图10-22　将文字的字体设置为艺术效果

图10-23　将文字背景设置为淡粉色效果

10.3.3 制作毛皮样式的文字效果

下面介绍制作“五颜六色的毛茸茸的毛皮”样式的文字效果，这种文字效果强调丰富多样的颜色，给人以鲜明、活泼的感觉，通过“毛茸茸”这个关键词，可以让观众联想到触摸毛皮时的柔软、绒毛的感觉，具体操作步骤如下。

步骤 01 进入“文字效果”页面，在左侧输入文本“毛衣”，在右侧输入“五颜六色的毛茸茸的毛皮”，单击“生成”按钮，即可生成相应的文字效果，并设置文字字体，效果如图10-24所示。

图10-24　生成相应的文字效果

步骤 02 在右侧的“匹配形状”选项区，选择“松散”选项，即可应用文本的宽松效果，使茸毛向周围发散，效果如图10-25所示。

步骤 03 在右侧单击“背景色”选项下方的色块，然后单击绿色色块，即可将文字背景设置为绿色效果，主体文字在绿色的背景上，给人一种清新、自然的视觉感受，如图10-26所示。

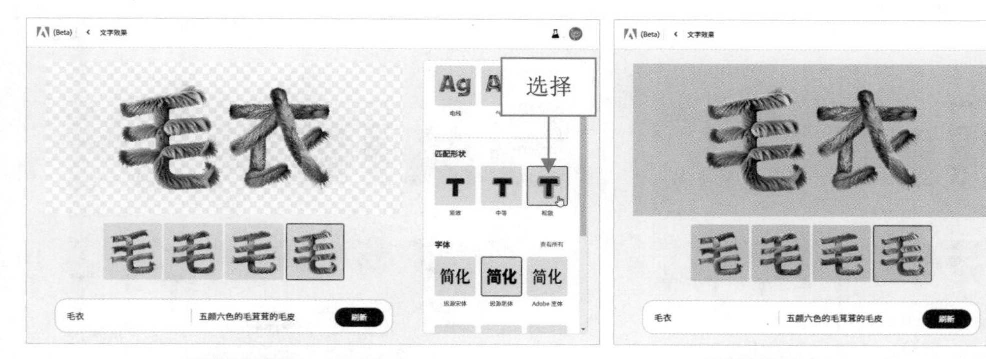

图10-25　设置文字效果　　　　图10-26　将文字背景设置为绿色效果

10.3.4　制作披萨样式的文字效果

文字由披萨的形状和纹理填充，通常使用多种色彩，模拟披萨上的不同配料和酱料，使文字呈现出鲜明的色彩。下面介绍制作披萨样式的文字效果的方法。

步骤 01 进入“文字效果”页面，在左侧和右侧文本框中均输入“披萨”，单击“生成”按钮，即可生成相应的文字效果，如图10-27所示。

步骤 02 在右侧的“字体”选项区，选择相应的字体，即可设置文字效果，如图10-28所示。

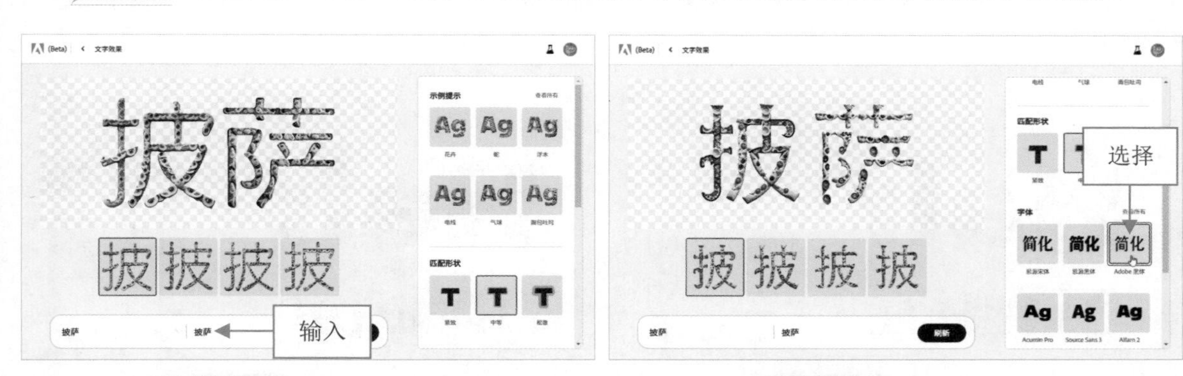

图10-27　生成相应的文字效果　　　　图10-28　设置文字效果

10.3.5　制作亮片样式的文字效果

亮片填充使文字表面充满小小的闪亮亮片，从而呈现出闪闪发光的效果。这种效果能够吸引眼球，给人一种炫目的感觉，我们在一些服装上经常能看到亮片填充的文字效果。下面介绍制作亮片填充文字效果的方法。

步骤 01 进入“文字效果”页面，在左侧输入文本“Skirt”，在右侧输入“亮片”，单击“生成”按钮，生成亮片填充的文字效果，如图10-29所示。

步骤 02 在右侧的“匹配形状”选项区，选择“松散”选项，即可将亮片文字设置为宽松效果，如图10-30所示。

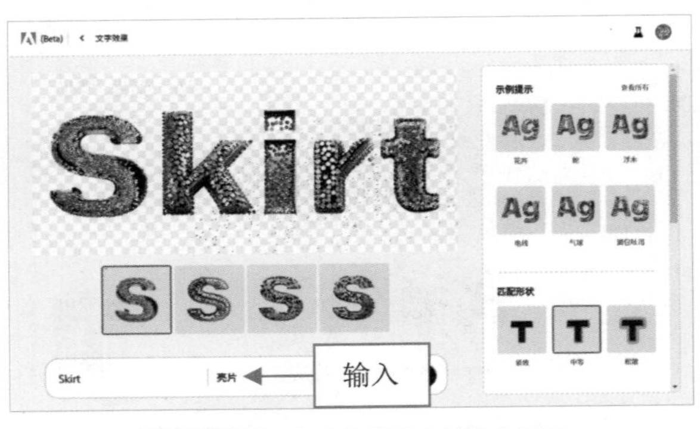

图10-29 生成亮片填充的文字效果

图10-30 设置文字效果

10.3.6 制作羽毛样式的文字效果

下面介绍制作“孔雀羽毛”样式的文字效果，孔雀羽毛具有柔软细腻的质感，可以描绘出文字轻柔的感觉，具体操作步骤如下。

步骤 01 进入“文字效果”页面，在左侧输入文本“Hair”，在右侧输入“孔雀羽毛”，单击“生成”按钮，即可生成相应的文字效果，如图10-31所示。

步骤 02 在右侧的“匹配形状”选项区，选择“松散”选项，即可应用文本的宽松效果，使孔雀羽毛向周围发散，效果如图10-32所示。

图10-31 生成相应的文字效果

图10-32 设置文字效果

本章小结

本章主要介绍了在Adobe Firefly中制作文字效果的方法，如设置文本的属性、应用文本示例效果及制作不同风格的文字效果等。通过本章的学习，读者可以熟练掌握各种文字效果的制作方法，举一反三后，可以创作出更多专业的文字效果。

课后习题

鉴于本章知识的重要性，为了帮助读者更好地掌握所学知识，下面将通过上机习题，帮助读者进行简单的知识回顾和补充。

本习题需要掌握制作“丛林藤蔓和鸟”样式的文字效果的方法，效果如图 10–33 所示。

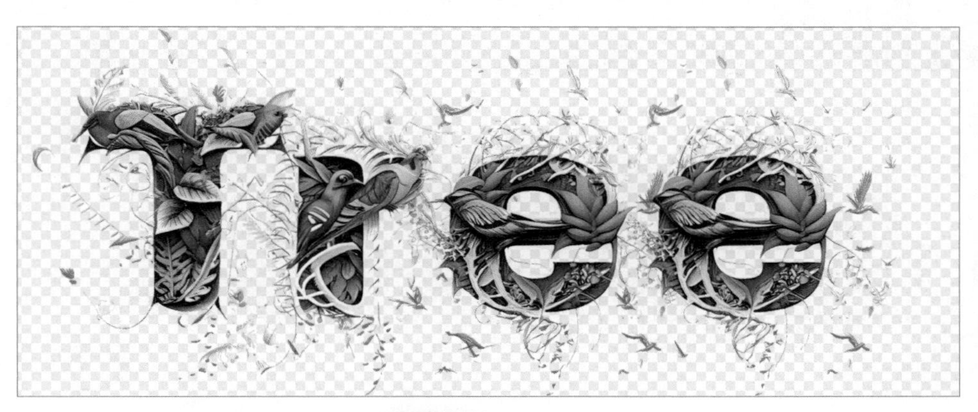

图 10–33 文字效果

Firefly+AI 修图篇

第11章 多彩样式：制作绘图画面的艺术效果

为图片应用艺术效果可以使画面更加美观，更具有艺术性。本章主要向读者介绍多种图片样式的应用技巧，如“动作”样式、“主题”样式及“效果”样式等，最后安排了多个典型的图像案例供读者学习参考。

11.1 / 应用“动作”样式处理图片

Firefly中内置多种“动作”样式，如蒸汽朋克、蒸气波、科幻、迷幻及幻想等类型，在图片上使用相应的动作样式，可以打造出独特的图像质感。本节主要介绍“动作”样式的应用技巧。

11.1.1 应用“蒸汽朋克”特效处理图片

“蒸汽朋克”是一种融合了19世纪工业化和蒸汽动力元素的奇幻科幻风格，它将维多利亚时代的复古风格与蒸汽动力、机械装置、未来科技的想象结合在一起。下面介绍应用“蒸汽朋克”特效处理图片的操作方法。

步骤01 进入“文字生成图像”页面，输入相应关键词，单击“生成”按钮，Firefly将根据关键词自动生成4张图片，如图11-1所示。

步骤02 在页面右侧的“内容类型”选项区，单击“照片”按钮；在“风格”选项区的“动作”选项卡中，选择“蒸汽朋克”风格，此时单击页面下方的“生成”按钮，如图11-2所示。

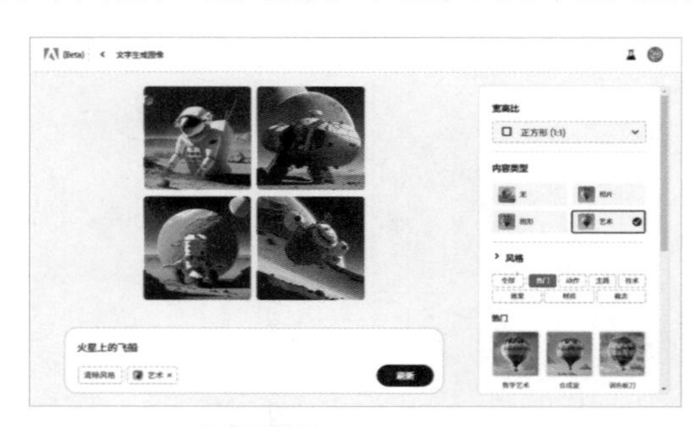

图11-1 生成4张图片

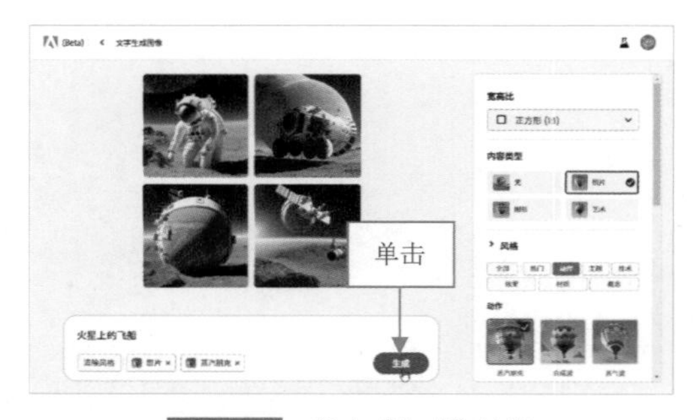

图11-2 单击“生成”按钮

步骤03 重新生成“蒸汽朋克”风格的图片效果，放大预览“蒸汽朋克”风格的图片效果，极具复古韵味，如图11-3所示。

应用了“蒸汽朋克”样式的图片，模拟了19世纪工业化时代的氛围，元素包括黄铜、铆钉、齿轮、螺丝等，给人一种复古而神秘的感觉。

图11-3　放大预览“蒸汽朋克”风格的图片效果

11.1.2　应用“蒸汽波”特效处理图片

“蒸汽波”是一种以复古、迷幻和未来主义元素为特点的艺术风格，它起源于音乐流派，并逐渐扩展到视觉艺术中。“蒸汽波”风格通常以20世纪80年代和20世纪90年代的视觉元素为基础，结合了强烈的色彩、模糊效果和超现实的场景。下面介绍使用“蒸汽波”特效处理图片的操作方法。

步骤 01 进入“文字生成图像”页面，输入相应关键词，单击“生成”按钮，Firefly将根据关键词自动生成4张图片，如图11-4所示。

步骤 02 在“风格”选项区的“动作”选项卡中，选择“蒸汽波”风格，然后设置“宽高比”为“宽屏”，即可重新生成“蒸汽波”风格的图片效果，如图11-5所示。

图11-4　生成4张图片

图11-5　重新生成“蒸汽波”风格的图片效果

步骤 03 放大预览“蒸汽波”风格的图片效果，图片中使用鲜艳、夸张和高度饱和的色彩，营造出梦幻般的视觉效果，如图11-6所示。

图11-6　放大预览“蒸汽波”风格的图片效果

11.1.3 应用“科幻”特效处理图片

“科幻”是一种以未来科技、外太空、虚构世界和奇幻元素为主题的图片风格，应用光线效果、火焰、能量场、镜像、合成等特效，使图片显得夸张、引人注目和与众不同。下面介绍使用“科幻”特效处理图片的操作方法。

步骤 01 进入“文字生成图像”页面，输入相应关键词，单击“生成”按钮，Firefly将根据关键词自动生成4张图片，如图11-7所示。

步骤 02 在“风格”选项区的“动作”选项卡中，选择“科幻”风格，然后设置“宽高比”为“宽屏”，即可重新生成“科幻”风格的图片效果，如图11-8所示。“科幻”风格经常用于制作奇幻的场景和构图效果，运用透视、对称、尺度变换等技巧，创作出宏大、神秘和超现实的图像。

图11-7 生成4张图片

选择

图11-8 重新生成“科幻”风格的图片效果

步骤 03 放大预览“科幻”风格的图片效果，图片中出现了超自然的建筑形象，增强了图片的科幻感，如图11-9所示。

图11-9 放大预览“科幻”风格的图片效果

11.2 / 应用“主题”样式处理图片

Firefly中内置多种“主题”样式，如概念艺术、像素艺术、矢量外观、3D艺术、图章、数字艺术及几何等类型，选择相应的图片类型可以制作不同的主题效果。本节主要介绍“主题”样式的应用技巧。

11.2.1 应用“概念艺术”样式处理图片

“概念艺术”的图片风格是一种专门用于表达创意和概念的艺术形式，强调创意和想象力，常用于电影、游戏、动画等创作过程中。下面介绍使用“概念艺术”样式处理图片的操作方法。

步骤 01 进入“文字生成图像”页面，输入相应关键词，单击“生成”按钮，Firefly将根据关键词自动生成4张图片，如图11-10所示。

步骤 02 在“风格”选项区的“主题”选项卡中，选择“概念艺术”风格，然后设置“内容类型”为“照片”，“宽高比”为“宽屏”，即可重新生成“概念艺术”风格的图片效果，如图11-11所示。

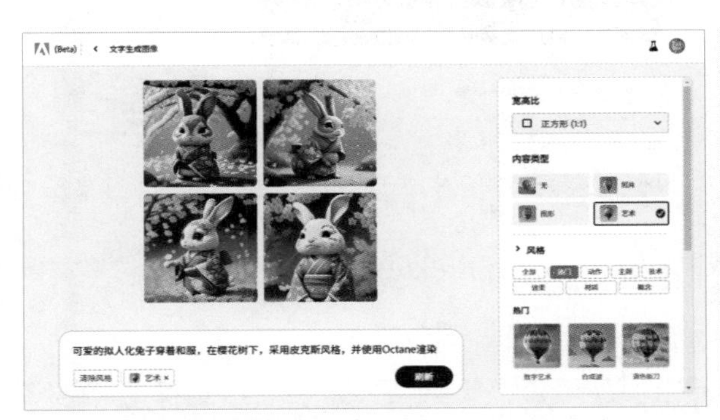

图11-10 生成4张图片

图11-11 重新生成“概念艺术”风格的图片效果

“概念艺术”通常运用丰富的色彩和光影效果来增强画面的视觉效果，包括明亮鲜艳的色彩、对比强烈的光影，以及独特的光线效果和氛围。

步骤 03 放大预览“概念艺术”风格的图片效果，图片中呈现出独特的场景，丰富的光影和色彩，为概念艺术作品增添了独特的视觉吸引力，如图11-12所示。

图11-12 放大预览“概念艺术”风格的图片效果

11.2.2 应用“像素艺术”样式处理图片

“像素艺术”使用小方块像素作为构建图像的基本单位，每个像素都代表图像的一小部分，通过排列和着色这些像素，形成一幅完整的图像，这种像素化的风格赋予了作品独特的视觉特征。下面介绍使用“像素艺术”样式处理图片的操作方法。

步骤 01 进入“文字生成图像”页面，输入相应关键词，单击“生成”按钮，Firefly将根据关键词自动生成4张图片，如图11-13所示。

步骤 02 在“风格”选项区的“主题”选项卡中，选择“像素艺术”风格，然后设置“宽高比”为“宽屏”，即可重新生成“像素艺术”风格的图片效果，如图11-14所示。

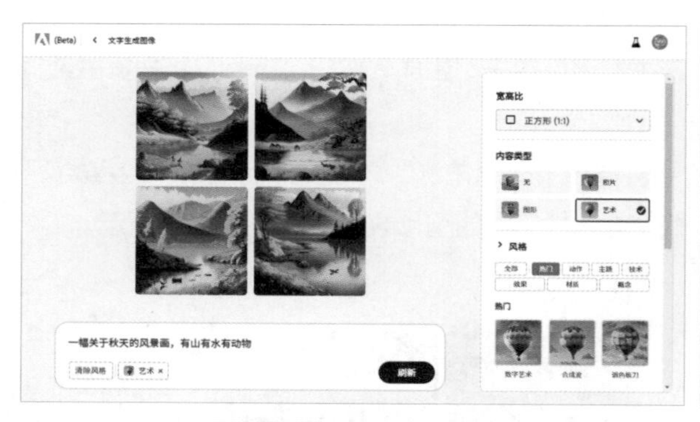

图11-13 生成4张图片

图11-14 重新生成“像素艺术”风格的图片效果

步骤 03 放大预览“像素艺术”风格的图片效果，图片中使用有限的色彩调色板，限制色彩数量营造出像素化的感觉，如图11-15所示。

图11-15 放大预览“像素艺术”风格的图片效果

11.3 / 应用“效果”样式处理图片

Firefly中内置多种“效果”样式，如散景效果、鱼眼、迷雾、老照片、黑暗及生物发光等类型，选择相应的图片类型可以制作与众不同的图片效果。本节主要介绍“效果”样式的应用技巧。

11.3.1 应用“散景效果”处理图片

“散景效果”是一种常见的摄影技术，用于在图像中制作背景模糊和光斑效果，虚化背景可以使主体更加突出，并营造出一种柔和、梦幻的氛围。运用“散景效果”可以使图像呈现出虚化的场景，具体操作步骤如下。

步骤 01 进入“文字生成图像”页面，输入相应关键词，单击“生成”按钮，Firefly将根据关键词自动生成4张图片，如图11-16所示。

步骤 02 在“风格”选项区的“效果”选项卡中，选择“散景效果”样式，然后设置“内容类型”为“照片”，“宽高比”为“宽屏”，即可重新生成“散景效果”的图片效果，如图11-17所示。

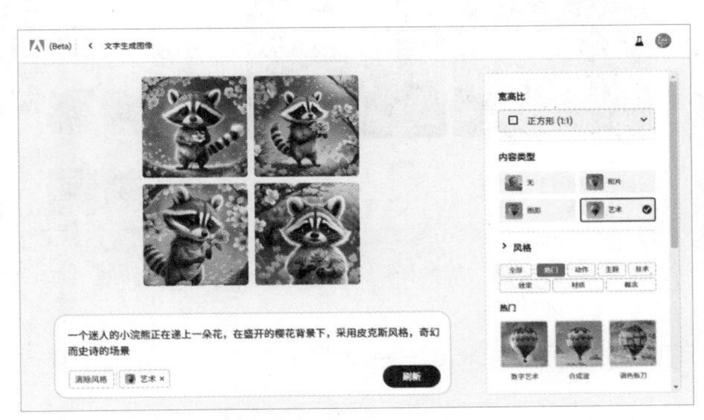

图11-16 生成4张图片

图11-17 重新生成“散景效果”的图片效果

步骤 03 放大预览“散景效果”的图片效果，可以看到照片的四周呈现出虚化的效果，前景与背景都变得模糊，如图11-18所示。

图11-18 放大预览“散景效果”的图片效果

由于虚化效果的存在，“散景效果”的图片风格通常具有柔和、梦幻的特点，背景模糊和光斑的组合营造出一种模糊的视觉效果，给人一种浪漫、梦幻的视觉感受。

11.3.2 应用“黑暗”效果处理图片

“黑暗”风格的照片通常具有较高的对比度，即明暗之间的差异非常明显，黑暗的部分会更加深沉，而明亮的部分则会更加鲜明。下面介绍使用“黑暗”效果处理图片的方法。

步骤 01 进入“文字生成图像”页面，输入相应关键词，单击“生成”按钮，Firefly将根据关键词自动生成4张图片，如图11-19所示。

步骤 02 在“风格”选项区的“效果”选项卡中，选择“黑暗”风格，然后设置“内容类型”为“无”，“宽高比”为“宽屏”，即可重新生成“黑暗”风格的图片效果，如图11-20所示。

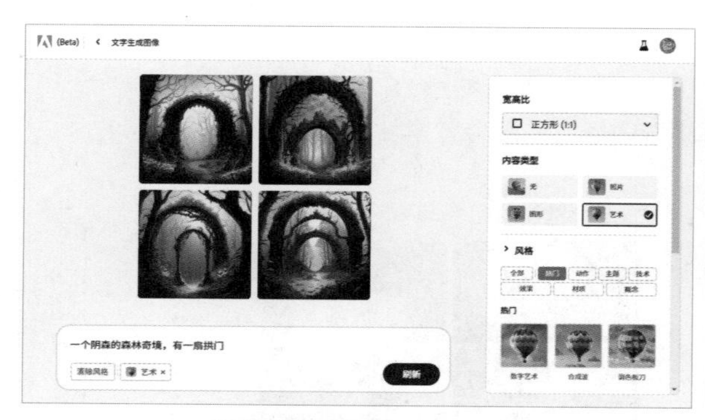

图11-19 生成4张图片

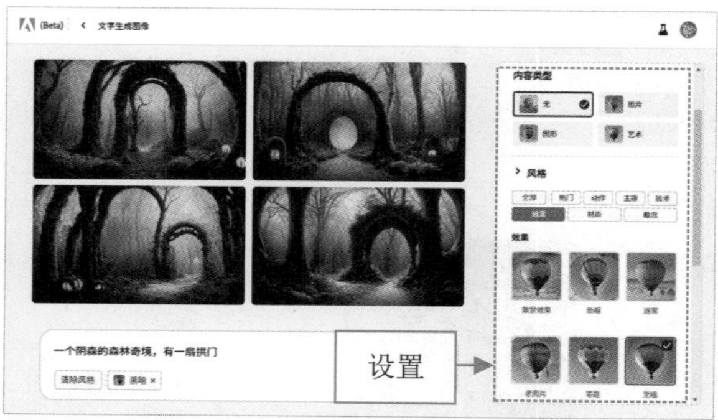

图11-20 重新生成“黑暗”风格的图片效果

步骤 03 放大预览“黑暗”风格的图片效果，可以看到画面中营造出一种冷峻、险恶的氛围，有点像恐怖电影的场景，如图11-21所示。这种风格的照片通常使用较暗的色调，如深蓝、棕色、灰色或黑色，以营造出一种阴暗、神秘或沉静的氛围。

图11-21 放大预览“黑暗”风格的图片效果

11.4 / 调整照片的颜色和色调

Firefly中内置多种“颜色和色调”样式，如黑白、素雅颜色、暖色调及冷色调等类型，选择相应的颜色样式可以调出不同的画面色彩与色调。本节主要介绍颜色和色调的应用技巧。

11.4.1　应用“黑白”色调处理城市建筑

“黑白”色调是指图片仅使用黑色和白色两种颜色，而没有使用彩色，这种风格也被称为单色或灰度风格。下面介绍使用“黑白”色调处理图片的操作方法。

步骤 01 进入“文字生成图像”页面，输入相应关键词，单击“生成”按钮，Firefly将根据关键词自动生成4张图片，如图11-22所示。

步骤 02 在右侧的“颜色和色调”列表框中，选择“黑白”选项，然后设置“内容类型”为“无”，“宽高比”为“宽屏”，即可重新生成“黑白”色调风格的图片效果，如图11-23所示。

图11-22　生成4张图片

图11-23　重新生成“黑白”色调风格的图片效果

步骤 03 放大预览“黑白”色调风格的图片效果，可以看到画面中的建筑由于没有彩色分散注意力，使观众专注于画面的构图，而不会被色彩所吸引，如图11-24所示。“黑白”色调风格特别适合风景、人物肖像及建筑等主题的图片。

图11-24　放大预览“黑白”色调风格的图片效果

11.4.2 应用“暖色调”处理山顶日落

“暖色调”的风格是指照片中的色调偏向于温暖的色彩，如红色、橙色或黄色等，这种风格通常能够给画面带来一种温暖、柔和、亲切的感觉。下面介绍使用“暖色调”处理山顶日落图片的操作方法。

步骤 01 进入“文字生成图像”页面，输入相应关键词，单击“生成”按钮，Firefly将根据关键词自动生成4张图片，如图11-25所示。

步骤 02 在右侧的“颜色和色调”列表框中，选择“暖色调”选项，然后设置“内容类型”为“无”，“宽高比”为“宽屏”，即可重新生成“暖色调”风格的图片效果，如图11-26所示。

图11-25 生成4张图片

图11-26 重新生成“暖色调”风格的图片效果

步骤 03 放大预览“暖色调”风格的图片效果，可以看出山顶日落风光整体偏暖色调，这些色彩能够给照片带来一种热烈、温暖的视觉感受，如图11-27所示。

图11-27 放大预览“暖色调”风格的图片效果

“暖色调”通常具有较高的色温，即色彩呈现出暖色调，色彩的暖度使图像看起来更加柔和，营造出一种温馨、浪漫或愉悦的氛围，使观众感到舒适和满足。

11.5 / 在照片上添加光照效果

“光照”在图像中发挥着关键的作用，可以影响图像的氛围、情绪和视觉效果。Firefly中内置多种“光照”样式，如逆光、戏剧灯光、黄金时段、演播室灯光及低光照等类型，选择相应的“光照”样式可以调出不同的画面氛围。本节主要介绍“光照”样式的应用技巧。

11.5.1 应用“低光照”灯光处理室内装饰

“低光照”是指光线的亮度较低，画面整体给人一种低调的视觉感受。在Firefly中，运用“低光照”样式可以为图片添加“低光照”效果，具体操作步骤如下。

步骤 01 进入“文字生成图像”页面，输入相应关键词，单击“生成”按钮，Firefly将根据关键词自动生成4张图片，如图11-28所示。

步骤 02 在右侧的“光照”列表框中，选择“低光照”选项，然后设置“内容类型”为“无”，“宽高比”为“宽屏”，即可重新生成“低光照”的图片效果，如图11-29所示。

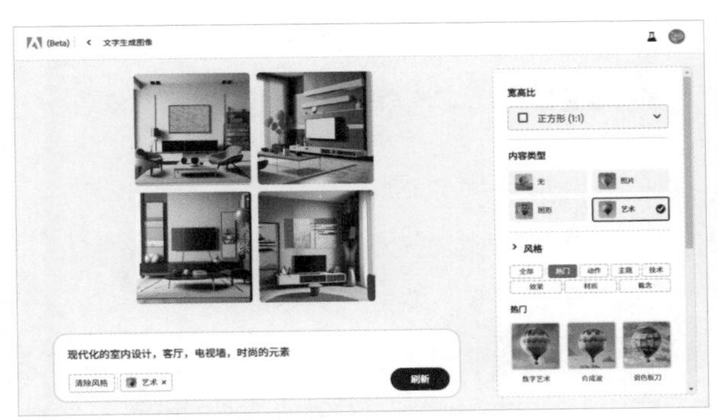

图11-28　生成4张图片

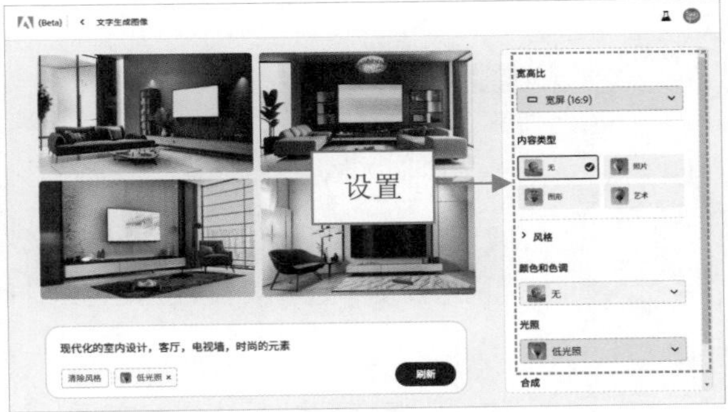

图11-29　重新生成“低光照”的图片效果

步骤 03 放大预览“低光照”的图片效果，可以看到画面中呈现出低光照的灯光效果，如图11-30所示。

图11-30　放大预览“低光照”的图片效果

11.5.2　应用“黄金时段”处理郁金香花海

“黄金时段”是指在日出或日落前后的短暂时间段，这段时间内的光线比较柔和、温暖，且呈现出金黄色的效果。在Firefly中，运用“黄金时段”样式可以为图片添加“黄金时段”的特殊光线，具体操作步骤如下。

步骤 01 进入“文字生成图像”页面，输入相应关键词，单击“生成”按钮，Firefly将根据关键词自动生成4张图片，如图11-31所示。

步骤 02 在右侧的“光照”列表框中，选择“黄金时段”选项，然后设置“内容类型”为“无”，“宽高比”为“宽屏”，即可重新生成“黄金时段”光线的图片效果，如图11-32所示。

图11-31　生成4张图片

图11-32　重新生成“黄金时段”光线的图片效果

> **温馨提示**
>
> “黄金时段”的光线是经过大气层散射和折射后的柔和光线，没有强烈的阴影和高对比度，这种柔和的照明可以让图像看起来更加温暖、柔美、令人愉悦。

步骤 03 放大预览“黄金时段”光线的图片效果，可以看出画面中的光线给郁金香营造出一种温馨和浪漫的氛围，如图11-33所示。

图11-33　放大预览“黄金时段”光线的图片效果

11.6 / 制作图像的艺术效果

本章前面的内容详细讲解了多种图像样式的运用技巧，如“动作”样式、“主题”样式及“效果”样式等，灵活运用这些样式到图片上，可以制作特殊的画面效果。本节以案例的方式进行讲解，帮助大家更好地运用这些样式，大家学完以后可以举一反三，制作出更多漂亮的AI绘图作品。

11.6.1 制作卡通二次元图像

卡通二次元图像是指以日本动漫和漫画为代表的艺术形式，具有夸张的大眼睛、丰富的表情及鲜艳的色彩，常用于制作各种类型的动画片，包括电视系列、电影、网络动画及短片等。下面介绍在Firefly中生成卡通二次元图像的方法。

步骤 01 进入“文字生成图像”页面，输入相应关键词，单击“生成”按钮，Firefly将根据关键词自动生成4张卡通二次元的图像，如图11-34所示。

步骤 02 在右侧设置“动作”为“科幻”，“内容类型”为“艺术”，“宽高比”为“纵向”，重新生成卡通二次元的图像，如图11-35所示。

图11-34 自动生成4张卡通二次元的图像

图11-35 重新生成卡通二次元的图像

步骤 03 放大预览Firefly AI生成的卡通二次元图像，效果如图11-36所示。

图11-36 放大预览卡通二次元的图像效果

在AI绘图中，生成卡通二次元图像的关键词有：开心（Happy）、悲伤（Sad）、惊讶（Surprised）、生气（Angry）、长发（Long hair）、短发（Short hair）、大眼睛（Big eyes）、闪亮眼神（Sparkling eyes）、校服（School uniform）、鲜艳的色彩（Vibrant colors）、魔法元素（Magical Elements）等。

11.6.2 制作拟人化的动物图片

拟人化的动物指的是给动物赋予人类的特征和行为，创造出具有人性化形象的角色，在漫画和动画中经常出现，它们可以成为主角或配角，通过人性化的特征吸引观众，并传达情感和价值观。下面介绍在Firefly中生成拟人化动物图片的方法。

步骤01 进入“文字生成图像”页面，输入相应关键词，单击“生成”按钮，Firefly将根据关键词自动生成4张拟人化的动物图片，如图11-37所示。

步骤02 在“风格”选项区的“主题”选项卡中，选择“3D艺术”风格，如图11-38所示，将拟人化的动物设置为3D艺术样式，更具立体感。

图11-37 自动生成4张拟人化的动物图片

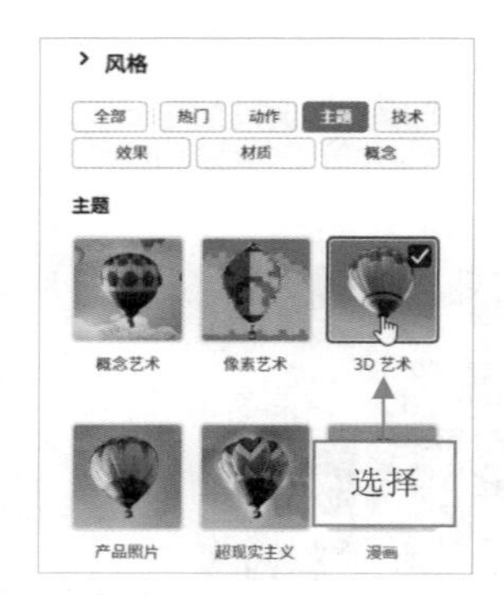

图11-38 选择“3D艺术”风格

步骤03 在“颜色和色调”列表框中，选择“素雅颜色”选项，如图11-39所示，将画面调为素雅的颜色样式。

步骤04 单击“生成”按钮，重新生成动物图片，放大预览Firefly AI生成的拟人化动物图片，效果如图11-40所示。

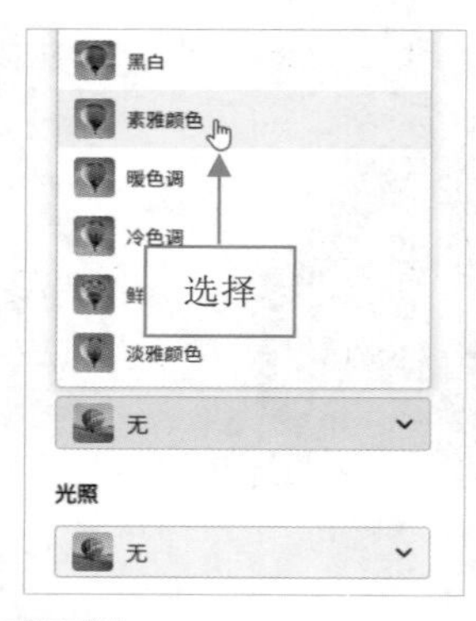

图11-39 选择“素雅颜色”选项

图11-40 放大预览拟人化的动物图片

温馨提示

在AI绘图中，生成拟人化动物图片的关键词有以下这些。

（1）动物种类：如狐狸（Fox）、熊（Bear）、猫（Cat）、狗（Dog）等。

（2）人性化特征：如站立姿势（Standing pose）、表情丰富（Expressive facial expressions）、人类服装（Human clothing）等。

（3）性格特点：如友善（Friendly）、机智（Witty）、调皮（Mischievous）等。

（4）装饰品：如眼镜（Glasses）、帽子（Hat）、项链（Necklace）等。

（5）职业身份：如医生（Doctor）、教师（Teacher）、探险家（Explorer）等。

（6）兴趣爱好：如音乐（Music）、绘画（Painting）、运动（Sports）等。

11.6.3 制作企业产品广告图片

产品广告图片在营销和宣传中起着关键的作用，能够吸引观众的注意力并引起他们的兴趣，广告图片中的元素和色彩可以传达产品的特点、功能和优势，让观众迅速了解产品。下面介绍在Firefly中生成企业产品广告图片的方法。

步骤 01 进入“文字生成图像”页面，输入相应关键词，单击“生成”按钮，Firefly将根据关键词自动生成4张茶杯的产品图片，如图11-41所示。

步骤 02 在“风格”选项区的“主题”选项卡中，选择“产品照片”风格，使生成的茶杯更加清晰地展示在观众眼前，然后设置“内容类型”为“无”，“宽高比”为“宽屏”，重新生成茶杯图片效果，如图11-42所示。

图11-41　自动生成4张茶杯的产品图片

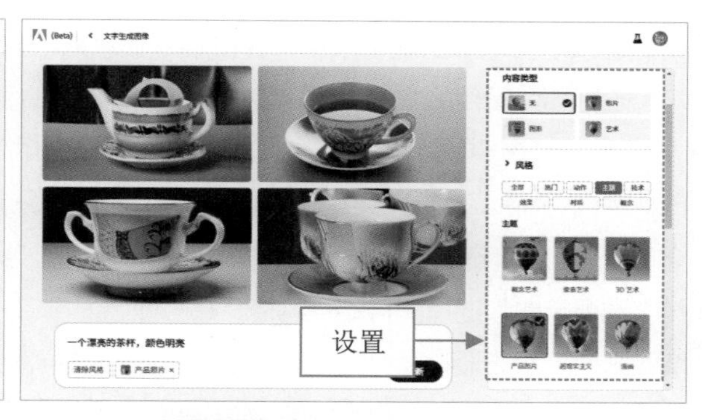

图11-42　重新生成茶杯图片效果

在AI绘图中，生成产品广告图片的关键词有以下这些。

（1）产品特点：如高品质（High quality）、创新设计（Innovative design）等。

（2）产品用途：如户外运动（Outdoor activities）、家庭生活（Home living）、商业办公（Business and office）等。

（3）目标受众：如年轻人（Young adults）、家庭主妇（Housewives）、专业人士（Professionals）等。

（4）配色和风格：如明亮鲜艳（Bright and vibrant）、简约现代（Minimalistic and modern）、温暖柔和（Warm and soft）等。

步骤 03 放大预览Firefly AI生成的茶杯产品图片，可以看到茶杯的外观质感很不错，简洁的背景和干净的构图能够使观众专注于产品，效果如图11-43所示。

图11-43　放大预览茶杯产品图片

11.6.4　制作科幻片的电影场景图片

科幻片的电影场景能够创造奇幻的世界、提供视觉享受、强调故事情节和主题，以及增加观众的情感共鸣，这些场景可以激发观众的想象力，带领他们进入一个全新的、充满奇迹和未知的世界，能够给观众带来视觉上的冲击和享受。

例如，在未来的废墟城市中展示人类文明的衰落，或在外太空中展示人类对探索和冒险的渴望，这些场景可以增强电影的叙事效果，并使观众更深入地理解故事的背景和含义。下面介绍在Firefly中生成科幻片电影场景图片的方法。

步骤 01 进入“文字生成图像”页面，输入相应关键词，单击“生成”按钮，Firefly将根据关键词自动生成4张科幻片的电影场景图片，如图11-44所示。

步骤 02 在右侧设置“内容类型”为“无”，“宽高比”为“宽屏”，确定图片的尺寸和类型；在“动作”选项卡中，选择“科幻”风格，将画面调为科幻风格样式；在“主题”选项卡中，选择“几何”风格，增强画面元素的形状表现力；在“概念”选项卡中，选择“庸俗”风格，使画面以夸张、俗气的方式呈现，追求一种艺术上的过度和滑稽感；在“颜色和色调”列表框中，选择“冷色调”选项，将画面调为冷色调，然后重新生成图片，如图11-45所示。

图11-44　自动生成4张科幻片的电影场景图片

图11-45　设置各选项

步骤 03 放大预览Firefly AI生成的科幻片电影场景图片，可以看到画面极具科技感，带领观众进入了一个全新的世界，效果如图11-46所示。

图11-46 放大预览生成的科幻片电影场景图片

温馨提示

在AI绘图中，生成科幻片电影场景图片的关键词有：太空空间（Space）、未来城市（Future City）、外星世界（Alien World）、平行宇宙（Parallel Universe）、时光旅行（Time Travel）、机器人工厂（Robot Factory）、虚拟现实（Virtual Reality）、星际飞船（Spaceship）、战争场景（War Scene）、生化实验室（Biochemical Laboratory）、奇幻生物（Fantasy Creatures）、智能城市（Smart City）、雷电风暴（Thunderstorm）、高科技实验室（High-Tech Laboratory）等。这些关键词代表科幻片中常见的场景元素，可以用来生成具有科幻色彩的电影场景图片。

11.6.5 制作真实的微距摄影照片

微距摄影是一种专门用于拍摄微小物体的取景方式，主要目的是尽可能地展现主体的细节和纹理，以及赋予其更大的视觉冲击力，适用于花卉、小动物、美食或生活中的小物品等类型的照片。下面介绍在Firefly中生成真实的微距摄影照片的方法。

步骤 01 进入“文字生成图像”页面，输入相应关键词，单击“生成”按钮，Firefly将根据关键词自动生成4张蜜蜂图片，如图11-47所示。

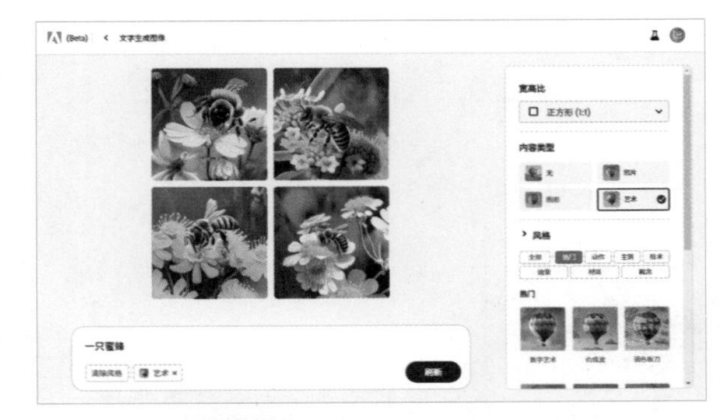

图11-47 自动生成4张蜜蜂图片

步骤 02 在右侧设置“内容类型”为“无”，“宽高比”为“宽屏”，确定图片的尺寸和类型；在“风格”选项区的“效果”选项卡中，选择“散景效果”风格，让图片周围显示虚化效果，这样可以使主体对象更加突出；在“合成”列表框中，选择“微距摄影”选项，使画面呈现出微距摄影的效果，重新生成4

张蜜蜂图片，如图11-48所示。

步骤 03 放大预览Firefly AI生成的微距摄影图片，可以看到图片中的蜜蜂细节清晰，画面有质感，效果如图11-49所示。

图11-48 重新生成4张蜜蜂图片

图11-49 放大预览微距摄影图片

温馨提示

在AI绘图中，生成微距摄影图片的关键词有：花朵（Flowers）、昆虫（Insects）、植物（Plants）、蚂蚁（Ants）、蝴蝶（Butterflies）、蜜蜂（Bees）、露珠（Dewdrops）、蜘蛛网（Spider webs）、叶子（Leaves）、细节（Details）、眼睛（Eyes）、羽毛（Feathers）、食物（Food）、石头（Stones），这些关键词可以用于指导生成微距照片时的主题设定。

温馨提示

微距摄影的图片在许多领域都有广泛应用，包括但不限于以下几个方面。

（1）微距摄影提供了对昆虫、植物、微生物等生物体的细节观察和记录，有助于科学研究、物种鉴定和生物学教学。

（2）微距摄影可以捕捉产品的细节和纹理，用于广告、宣传册、产品目录等，突出产品的质感和吸引力。

（3）微距摄影可以展示珠宝和宝石的细节，捕捉其闪耀的光芒和精细的工艺，适合珠宝行业的宣传和展示。

（4）微距摄影可以用于科普教育，帮助观众了解微观世界的奇妙之处，激发人们对科学的兴趣和好奇心。

本章小结

本章主要介绍了多种AI图片样式的应用技巧，如动作样式、主题样式、效果样式、颜色和色调样式及灯光样式等，最后通过5个典型案例将前面介绍的知识点融会贯通进行讲解，帮助大家更好地运用Firefly进行AI绘图，创作出丰富多彩的图像效果。

课后习题

鉴于本章知识的重要性，为了帮助读者更好地掌握所学知识，下面将通过上机习题，帮助读者进行简单的知识回顾和补充。

本习题需要通过关键词描述生成产品图片，然后添加相应的图片样式，制作出画面的艺术效果，效果如图 11-50 所示。

图 11-50 图像效果

第12章 重新着色：为SVG矢量图像一键上色

Firefly中的“创意重新着色”功能是指可以对SVG（全称为Scalable Vector Graphics，大意为可缩放矢量图形）文件的矢量图形进行重新着色，生成矢量艺术品的颜色变化。本章主要向读者讲解为矢量图形重新着色的各种操作方法。

12.1 / 使用示例提示进行矢量着色

在矢量着色中，“示例提示”通常指用于生成样本颜色或设计的示例提示，这些示例提示用来指导生成模型的输入，以产生具有期望特征或风格的输出图像。通过提供不同的样本提示，可以引导Firefly将矢量图形生成多样化的颜色效果。样本提示在图形颜色中起到指导和刺激生成过程的作用，帮助矢量图形生成与示例提示相似或相关的颜色。本节主要介绍使用示例提示进行矢量着色的方法。

12.1.1 使用“三文鱼寿司”样式着色图形

“三文鱼寿司”样式的主要颜色是橙色或粉红色，这种颜色与新鲜的三文鱼肉的色调相对应，它呈现出柔和而温暖的外观，它的颜色也不是单一的纯色，而是由混合色调组成，包括橙色、粉红色和略带黄色或白色的斑点或条纹。下面介绍使用“三文鱼寿司”样式着色SVG矢量图形的操作方法。

步骤 01 进入Adobe Firefly（Beta）主页，在“创意重新着色”选项区单击“生成”按钮，如图12-1所示。

步骤 02 执行操作后，进入“创意重新着色”页面，单击“上传SVG”按钮，如图12-2所示。

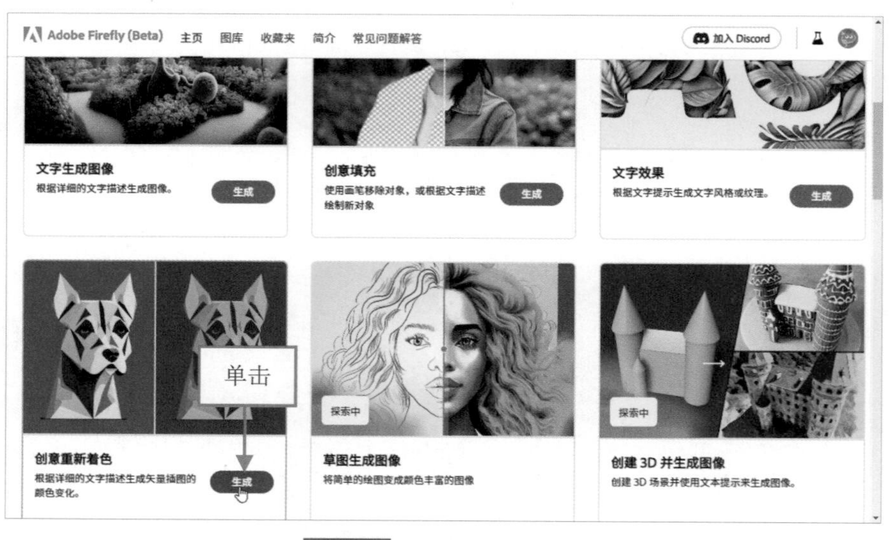

图12-1 单击“生成”按钮

步骤 03 弹出“打开”对话框，在其中选择一个SVG文件（素材\第12章\12.1.1.jpg），如图12-3所示。

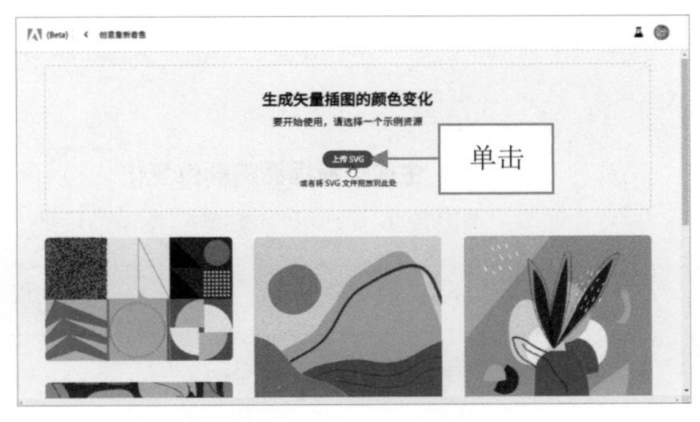

图12-2 单击“上传SVG”按钮

图12-3 选择一个SVG文件

步骤 04 单击“打开”按钮，即可上传SVG文件，在右侧文本框中输入“蓝色”，单击“生成”按钮，如图12-4所示。

步骤 05 执行操作后，即可将矢量图形重新着色为蓝色调，如图12-5所示。

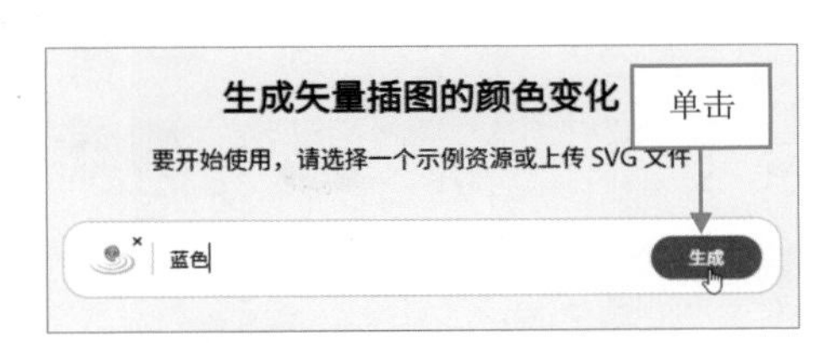

图12-4 单击“生成”按钮

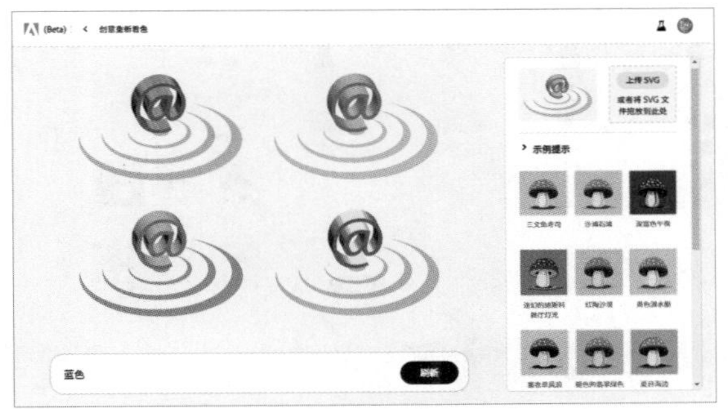

图12-5 将矢量图形重新着色为蓝色调

步骤 06 在右侧的“示例提示”选项区，选择“三文鱼寿司”样式，即可将图形更改为“三文鱼寿司”的色调，如图12-6所示。需要用户注意的是，即使上传相同的矢量图形，Firefly每次生成的图形颜色也不一样。

步骤 07 单击相应的矢量图形，即可放大图片，预览重新着色后的矢量图形，效果如图12-7所示，图形呈现出橙色调。

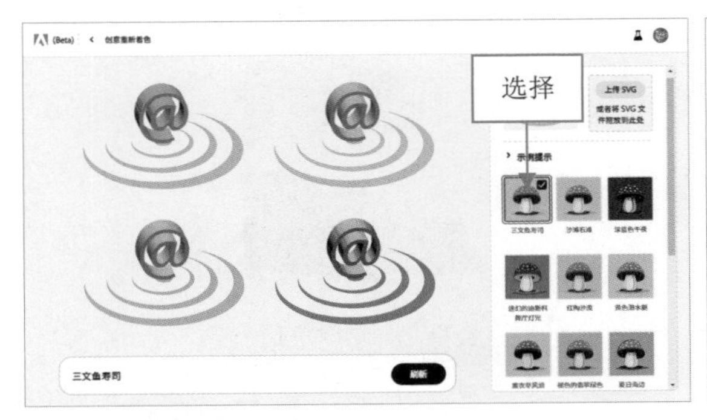

图12-6 更改为“三文鱼寿司”的色调

图12-7 预览重新着色后的矢量图形

12.1.2 使用“沙滩石滩”样式着色图形

“沙滩石滩”的图形颜色通常以中性色调为主，如米色、灰色、棕色等，这些中性色调模拟海滩上的沙石颜色，给人一种自然而柔和的感觉。下面介绍使用“沙滩石滩”样式着色SVG矢量图形的操作方法。

步骤01 进入“创意重新着色”页面，单击“上传SVG”按钮，上传一个SVG文件，在右侧文本框中输入“沙石颜色”，单击“生成”按钮，如图12-8所示。

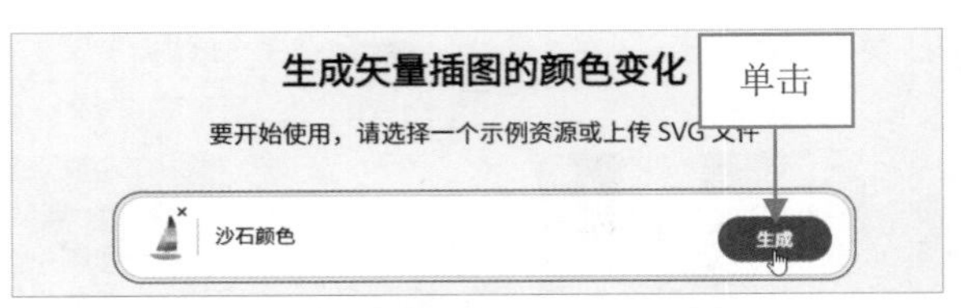

图12-8 单击“生成”按钮

步骤02 执行操作后，即可生成沙石颜色的矢量图形，如图12-9所示。

步骤03 在右侧的“示例提示”选项区，选择“沙滩石滩”样式，即可将图形更改为“沙滩石滩”的色调，如图12-10所示。

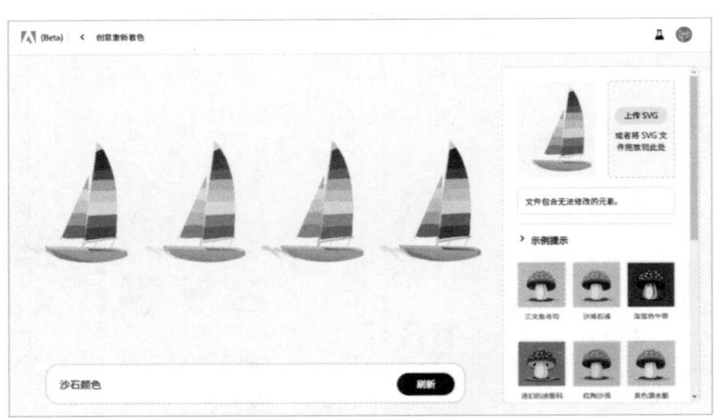

图12-9 生成沙石颜色的矢量图形

图12-10 将图形更改为“沙滩石滩”的色调

步骤04 放大预览矢量图形的颜色色调，效果如图12-11所示。除了中性色调，“沙滩石滩”的图形颜色中还包含柔和的蓝色，这是为了表现出海水的颜色，将沙滩与海洋环境相连接，“沙滩石滩”的图形颜色会因为插画不同而有所变化。

图12-11 放大预览矢量图形的颜色色调

12.1.3 使用“深蓝色午夜”样式着色图形

“深蓝色午夜”的图形颜色主要使用深蓝色调，给人一种深沉和神秘的感觉。深蓝色通常具有较低的饱和度，即颜色的纯度较低，不会给人过于刺眼或过于鲜艳的感觉。下面介绍使用“深蓝色午夜”样式着色SVG矢量图形的操作方法。

步骤 01 在上一例的基础上，在页面右侧单击“上传SVG”按钮，上传一个SVG文件，如图12-12所示。

步骤 02 在右侧的“示例提示”选项区，选择“深蓝色午夜”样式，即可将矢量图形更改为“深蓝色午夜”的色调，如图12-13所示。

图12-12 上传一个SVG文件

图12-13 将矢量图形更改为“深蓝色午夜”的色调

步骤 03 放大预览矢量图形的颜色，图形呈浅蓝和深蓝色调，效果如图12-14所示。

图12-14 放大预览矢量图形的颜色色调

12.1.4 使用鲜艳的颜色着色图形

“迷幻的迪斯科舞厅灯光”样式通常会使用鲜艳明亮的颜色，如红色、绿色、蓝色、黄色等，这些颜色能够吸引眼球，并在黑暗的环境中产生强烈的视觉效果，图形颜色之间也具有高对比度。下面介绍使用“迷幻的迪斯科舞厅灯光”着色SVG矢量图形的操作方法。

步骤 01 在上一例的基础上，在页面右侧单击“上传SVG”按钮，上传一个SVG文件，原图为黄色调，如图12-15所示。

步骤 02 在右侧的“示例提示”选项区，选择“迷幻的迪斯科舞厅灯光”样式，即可将矢量图形更改为颜色鲜艳的“迷幻的迪斯科舞厅灯光”色调，如图12-16所示，有粉红色、黄色、紫色等鲜艳的图形颜色。

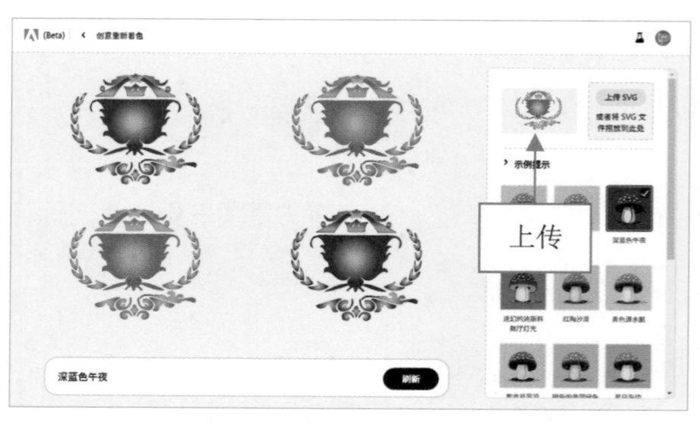

图12-15　上传一个SVG文件

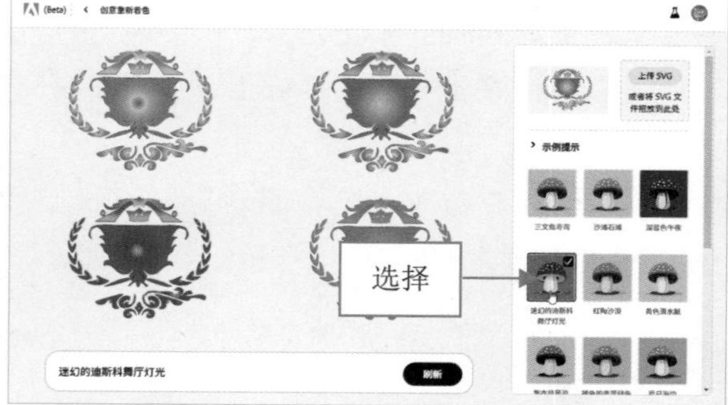

图12-16　更改为“迷幻的迪斯科舞厅灯光”的色调

步骤 03 放大预览矢量图形的颜色，图形呈粉红色和紫色色调，效果如图12-17所示。

图12-17　放大预览矢量图形的颜色

“迷幻的迪斯科舞厅灯光”色调具有荧光或霓虹灯效果，使颜色看起来更加鲜明夺目，通过视觉上的刺激和变幻，营造出一种迷幻、独特的氛围，常与音乐、舞蹈和庆祝活动相结合，让人沉浸在一种异乎寻常的视觉体验之中，这种色彩让人感到兴奋、迷幻和着迷。

12.1.5　使用“黄色潜水艇”着色图形

“黄色潜水艇”的图形颜色主要使用黄色色调，是一种明亮、快乐和活泼的颜色。下面介绍使用“黄色潜水艇”样式着色SVG矢量图形的方法。

步骤 01 在上一例的基础上，在页面右侧单击“上传SVG”按钮，上传一个SVG文件，如图12-18所示。

步骤 02 在右侧的“示例提示”选项区，选择“黄色潜水艇”样式，即可将矢量图形更改为“黄色潜水艇”色调，如图12-19所示。

图 12-18　上传一个SVG文件

图 12-19　更改为“黄色潜水艇”色调

步骤 03 放大预览矢量图形的颜色，图形以黄色为基调，效果如图 12-20 所示。

图 12-20　放大预览矢量图形的颜色

12.1.6　使用“薰衣草风浪”着色图形

“薰衣草风浪”的图形颜色主要使用淡紫色，类似于薰衣草花朵的颜色，给人一种柔和、浪漫的视觉感受。下面介绍使用“薰衣草风浪”样式着色SVG矢量图形的方法。

步骤 01 在上一例的基础上，在页面右侧单击“上传SVG”按钮，上传一个SVG文件，如图 12-21 所示。

步骤 02 在右侧的“示例提示”选项区，选择“薰衣草风浪”样式，即可将矢量图形更改为“薰衣草”的色调，如图 12-22 所示。

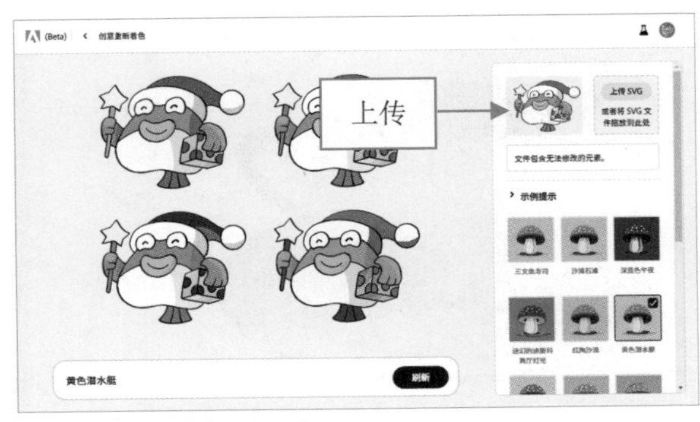

图 12-21　上传一个SVG文件

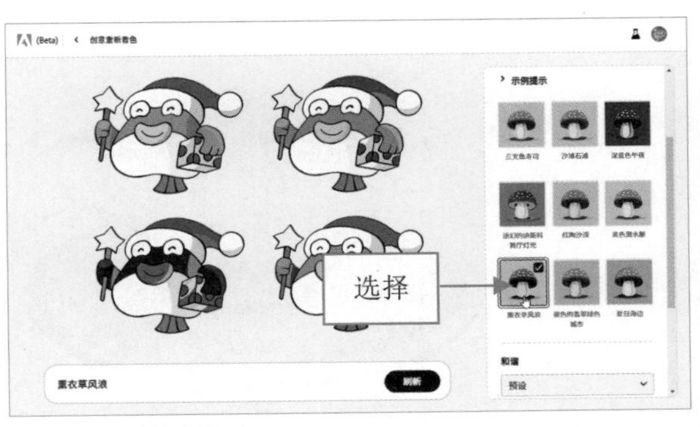

图 12-22　更改为“薰衣草风浪”色调

步骤 03 放大预览矢量图形的颜色，图形呈紫色色调，效果如图 12-23 所示。

图 12-23 放大预览矢量图形的颜色

12.1.7 使用“夏日海边”着色图形

“夏日海边”通常以温暖的青色色彩为主，是一种清澈、明亮而令人愉悦的颜色。下面介绍使用“夏日海边”样式着色 SVG 矢量图形的方法。

步骤 01 在上一例的基础上，在页面右侧单击“上传 SVG”按钮，上传一个 SVG 文件，如图 12-24 所示。

步骤 02 在右侧的“示例提示”选项区，选择“夏日海边”样式，即可将矢量图形更改为“夏日海边”的色调，如图 12-25 所示。

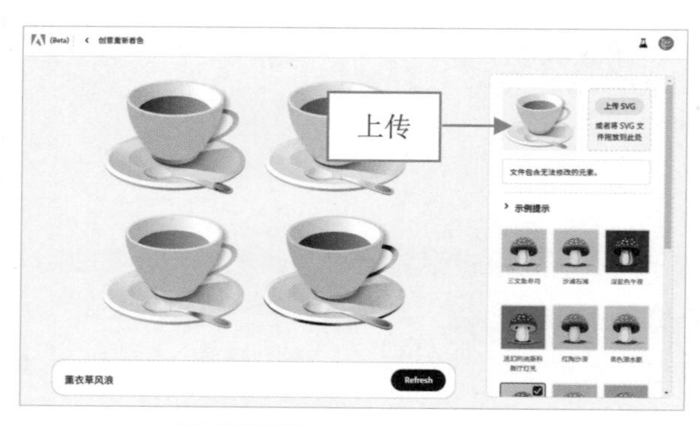

图 12-24 上传一个 SVG 文件

图 12-25 将矢量图形更改为“夏日海边”的色调

步骤 03 放大预览矢量图形的颜色，图形以青色调为主，效果如图 12-26 所示。

图 12-26 放大预览矢量图形的颜色

12.2 / 设置“和谐”的矢量图形色彩

“和谐”列表框中包含多种图形样式，它强调各个元素之间的平衡、协调和统一，各个元素在布局上均匀分布，整个图形给人一种稳定和谐的感觉。本节主要介绍为矢量图形设置相应“和谐”样式的方法。

12.2.1　使用“互补色”样式处理图形

互补色是指位于彩色光谱相对位置的颜色，它们相互补充并形成最大的对比度。在互补色的和谐样式中，通常使用两个相对位置的互补色，使它们相互平衡和协调。下面介绍使用“互补色”样式处理图形的方法。

步骤 01 在“创意重新着色”页面中单击“上传SVG”按钮，上传一个SVG文件，并将图形设置为“三文鱼寿司”样式，如图12-27所示。

步骤 02 在右侧的“和谐”列表框中选择“互补色”选项，如图12-28所示，通过使用互补色为图形实现视觉上的平衡。

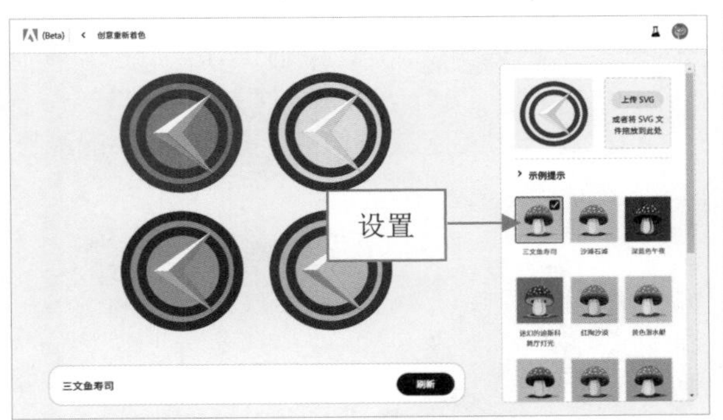

图12-27　设置为“三文鱼寿司”样式

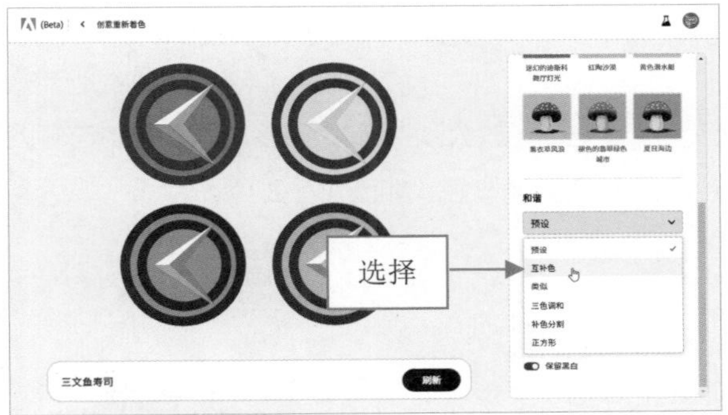

图12-28　选择“互补色”选项

步骤 03 放大预览矢量图形，可以看到图形中的颜色组合都是互补色系，如图12-29所示，使画面的颜色更加协调、统一。

图12-29　放大预览矢量图形

12.2.2 使用“类似色”样式处理图形

类似色是指位于彩色光谱相邻位置的颜色，它们在色轮上靠近彼此。在类似色的和谐样式中，通常使用相邻的颜色作为主要调色板，使用彼此相近的颜色来营造平衡、协调的图形效果。下面介绍使用“类似色”样式处理图形的方法。

步骤 01 在“创意重新着色”页面中单击“上传SVG”按钮，上传一个SVG文件，如图12-30所示。

步骤 02 在右侧的“和谐”列表框中选择“类似”选项，如图12-31所示，通过使用类似色以形成和谐的整体效果。

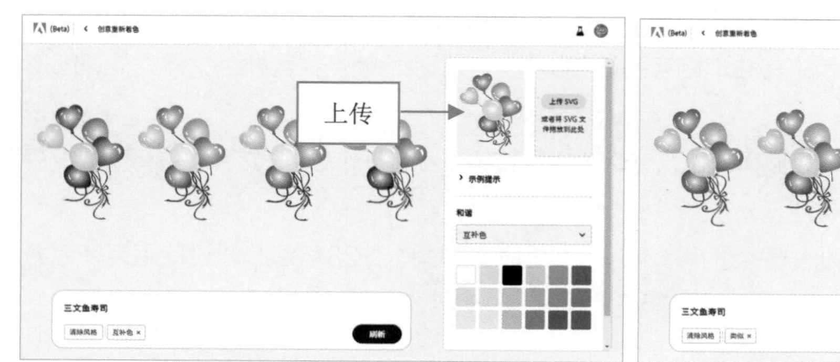

图12-30 上传一个SVG文件

图12-31 选择“类似”选项

步骤 03 放大预览矢量图形，可以看到左侧图形中的洋红色与橘红色是类似色，右侧图形中的浅灰色与深灰色是类似色，如图12-32所示。

图12-32 放大预览矢量图形

12.2.3 使用“三色调和”样式处理图形

在色轮上，三色调和通常是以等距离分布的三个颜色形成的。最常见的三色调和是以等边三角形形状的三个颜色为例，例如红色、黄色和蓝色，或者橙色、绿色和紫色，使用三种相互等距离分布的颜色，形成一个平衡、协调的色彩组合。下面介绍使用“三色调和”样式处理图形的方法。

步骤 01 在“创意重新着色”页面中单击“上传SVG”按钮，上传一个SVG文件，如图12-33所示。

步骤 02 在右侧的“和谐”列表框中选择“三色调和”选项，如图12-34所示，通过三种颜色的组合，使矢量图形达到视觉上的平衡。

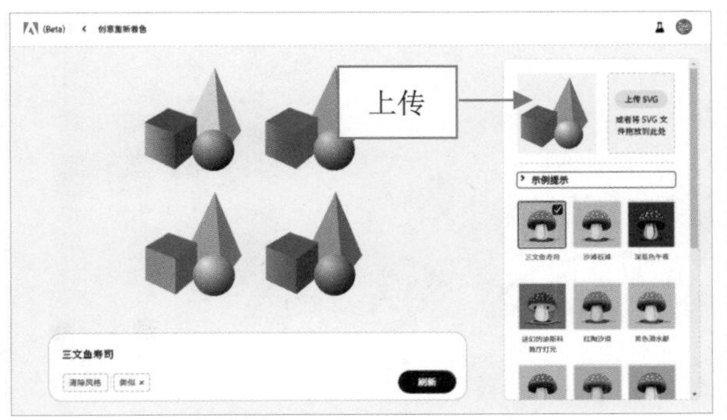

图12-33 上传一个SVG文件

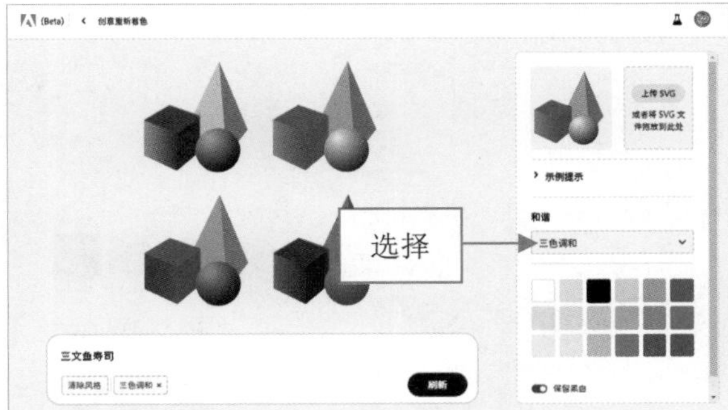

图12-34 选择“三色调和”选项

步骤 03 放大预览矢量图形，合理使用三种颜色的比例和分布，可以实现引人注目的图形效果，如图12-35所示。

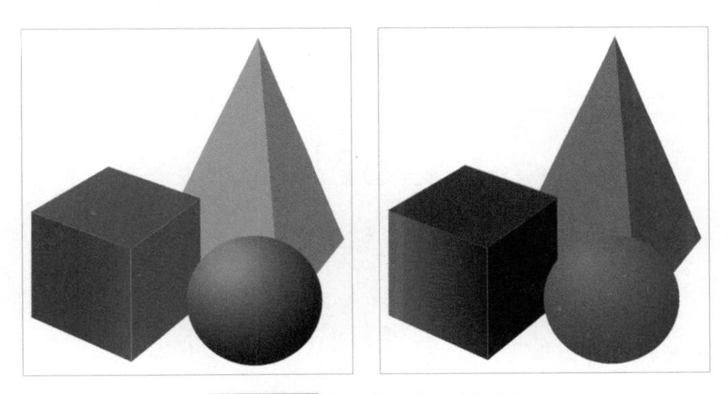

图12-35 放大预览矢量图形

12.3 / 为矢量图形指定固定色彩

在“创意重新着色”页面中，用户不仅可以使用示例提示中的颜色样本对矢量图形重新着色，还可以指定某一种或多种颜色来为矢量图形上色。本节主要介绍为矢量图形指定固定色彩重新着色的方法。

12.3.1 使用颜色色块处理图形

在Firefly中，可以为矢量图形填充单独的色块，具体操作方法如下。

步骤 01 进入“创意重新着色”页面，单击“上传SVG”按钮，上传一个SVG文件，在右侧文本框中输入“渐变色”，单击“生成”按钮，生成渐变色色调的矢量图形，如图 12-36 所示。

步骤 02 在“和谐”列表框的下方，单击朱红色色块，即可将矢量图形设置为朱红色的效果，如图 12-37 所示。

图 12-36　生成相应颜色的矢量图形

图 12-37　设置为朱红色的效果

步骤 03 放大预览矢量图形，图形的颜色呈朱红色调，如图 12-38 所示。

图 12-38　放大预览矢量图形

12.3.2　使用多个颜色处理图形

用户不仅可以为矢量图形填充单个颜色，还可以指定多个颜色对矢量图形进行上色处理，具体操作步骤如下。

步骤 01 进入“创意重新着色”页面，单击“上传 SVG”按钮，上传一个 SVG 文件，在右侧文本框中输入“渐变色”，单击“生成”按钮，生成相应色调的矢量图形，如图 12-39 所示。

步骤 02 在“和谐”列表框的下方，单击蓝紫色、浅莱姆绿和天蓝色色块，即可将矢量图形设置为多种色调的填充效果，如图 12-40 所示。

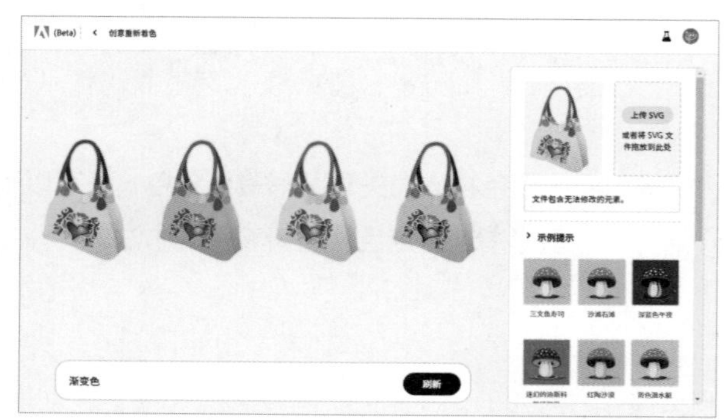

图 12-39　生成相应色调的矢量图形

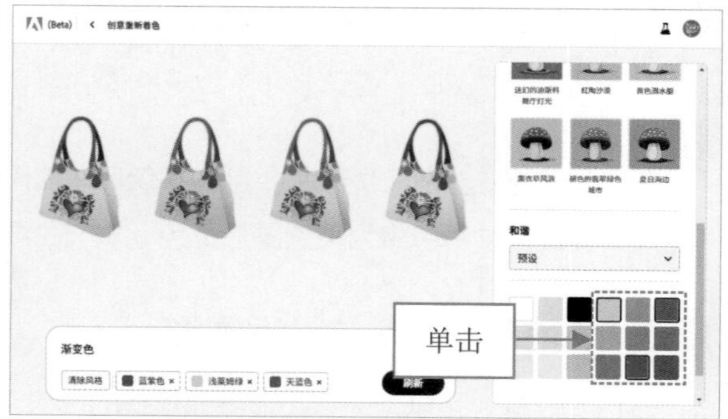

图 12-40　设置为多种色调的填充效果

步骤 03 放大预览矢量图形，其中包含设置的多种组合色调，效果如图 12-41 所示。

图 12-41 放大预览矢量图形

12.4 / 图形着色的典型案例

通过前面知识点的学习，我们掌握了多种为矢量图形着色的操作方法，接下来以案例的方式为大家讲解为矢量图形着色的典型案例。

12.4.1 为风景图形重新着色

风景图形可以用于插画和平面设计中，为作品增添趣味和视觉吸引力，它们可以用于书籍封面、海报及广告设计。下面介绍为风景图形重新着色的方法。

步骤 01 进入“创意重新着色”页面，单击“上传SVG”按钮，上传一个SVG文件，在右侧文本框中输入“自然色”，单击“生成”按钮，生成自然色调的矢量图形，如图 12-42 所示。

步骤 02 在右侧的“示例提示”选项区，选择“三文鱼寿司”样式，即可将矢量图形更改为“三文鱼寿司”的色调；在下方的“和谐”列表框中选择“互补色”选项，通过互补色实现视觉上的平衡，如图 12-43 所示。

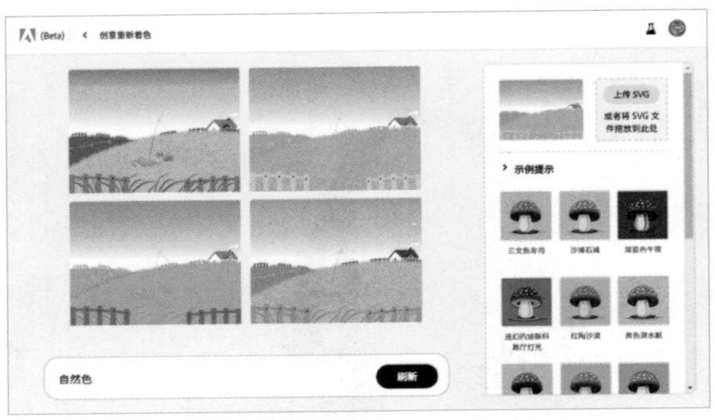

图12-42 生成自然色调的矢量图形

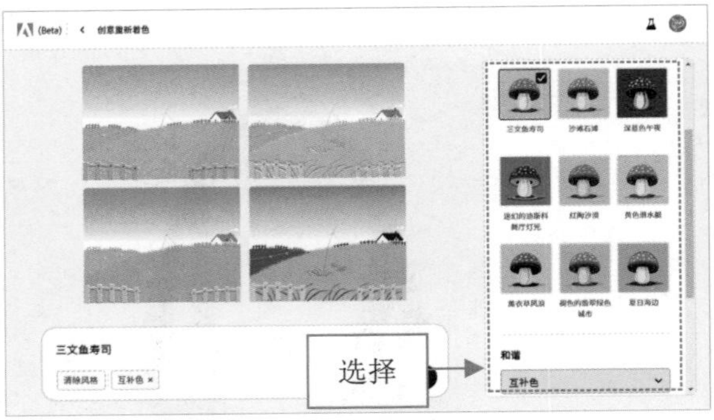

图12-43 更改为“三文鱼寿司”的色调

步骤 03 放大预览风景图形的颜色，图形中的草地和天空呈橘色调，房子呈橘红色调，围栏呈青色调，整个画面给人一种秋天大丰收的视觉感，效果如图 12-44 所示。

图12-44 放大预览风景图形的颜色

温馨提示

在各种旅游目的地、景点和文化活动的宣传中，风景矢量图可以用来展示美丽的风光，吸引游客的到来。

12.4.2 为商品图形重新着色

在设计商品图形的过程中，有时我们需要呈现出商品的不同色调，此时可以在Firefly中为图形进行重新着色。下面介绍为商品图形重新着色的方法。

步骤 01 进入“创意重新着色”页面，单击“上传SVG”按钮，上传一个SVG文件，在右侧文本框中输入“暖色”，单击“生成”按钮，生成相应的图形颜色，如图 12-45 所示。

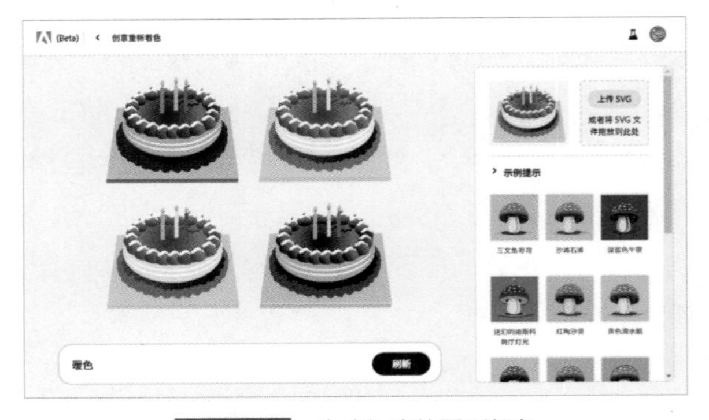

图12-45 生成相应的图形颜色

步骤 02 在右侧的“示例提示”选项区，选择“三文鱼寿司”样式，即可将商品图形更改为“三文鱼寿司”的色调，如图 12-46 所示。

步骤 03 在右侧的“和谐”列表框中选择“类似”选项，在下方单击鲜红色色块，表示为图形生成鲜红色的类似色，如图 12-47 所示。

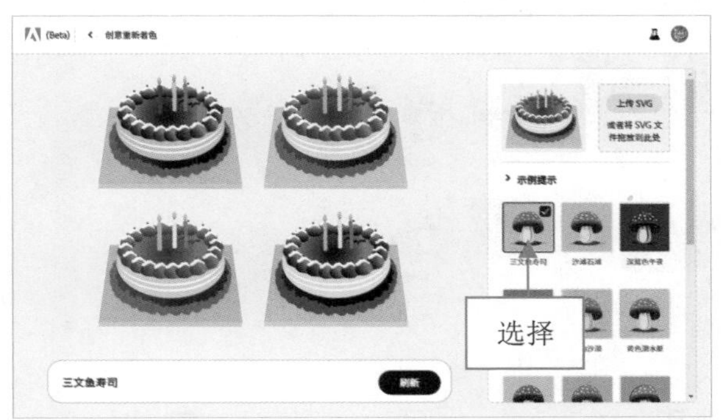

图 12-46　更改为“三文鱼寿司”的色调

图 12-47　为图形生成鲜红色的类似色

步骤 04 放大预览商品图形的颜色，效果如图 12-48 所示。

图 12-48　放大预览商品图形的颜色

商品矢量图可以用于产品包装设计，为商品赋予独特的标识和外观，使消费者更容易识别和购买，增加产品的吸引力。

12.4.3　为人物图形重新着色

人物图形可以用于广告和营销活动，作为形象代言人或故事角色，吸引目标受众的注意力，不同颜色的人物图形呈现出来的效果不一样。下面介绍为人物图形重新着色的方法，调出我们喜欢的色彩。

步骤 01 进入“创意重新着色”页面，单击“上传SVG”按钮，上传一个SVG文件，在右侧文本框中输入“肤色”，单击“生成”按钮，生成相应的图形颜色，如图 12-49 所示。

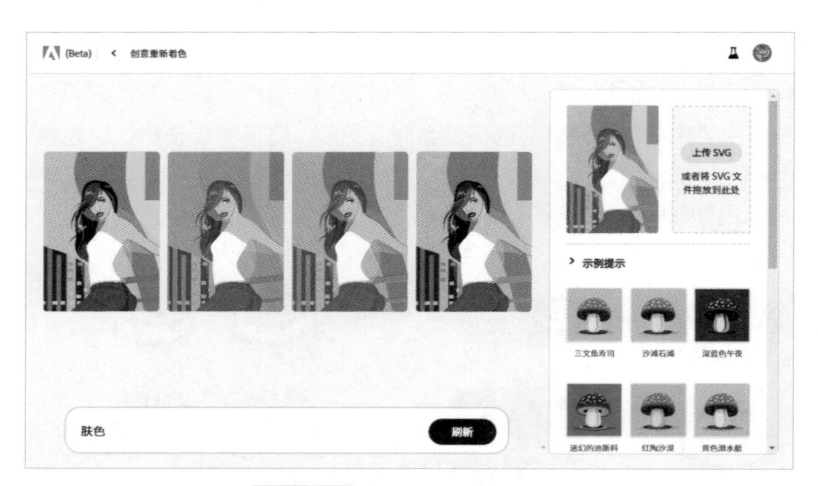

图 12-49　生成相应的图形颜色

步骤 02　在“和谐”列表框的下方，单击天蓝色和蓝紫色色块，如图 12-50 所示，将人物图形设置为天蓝色和蓝紫色的效果。

步骤 03　放大预览人物图形的颜色，这种组合色调给人一种青春、活力的视觉感受，效果如图 12-51 所示。

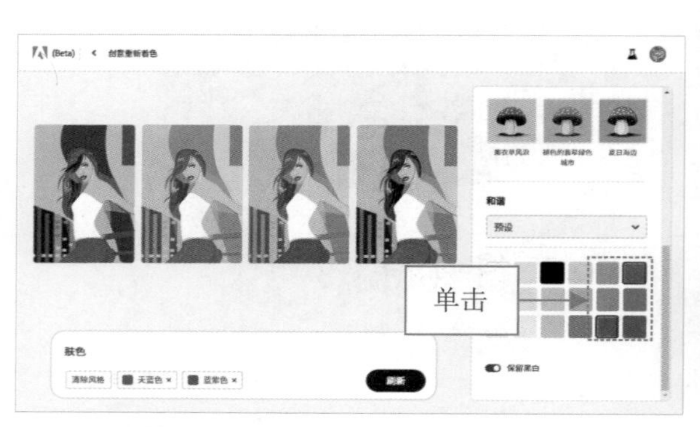

图 12-50　设置为天蓝色和蓝紫色的效果

图 12-51　放大预览人物图形的颜色

矢量化的人物形象可以用于动画、游戏和交互式媒体，为角色设计提供基础。另外，在商业演示中使用人物矢量图可以增加亲和力，使演示更加生动有趣。

12.4.4　为企业标识重新着色

企业标识作为公司的Logo，用于在各种场合和媒体上展示企业的身份和品牌形象，这有助于提升品牌的知名度和认可度。下面介绍为企业标识重新着色的方法。

步骤 01　进入“创意重新着色”页面，单击“上传SVG”按钮，上传一个SVG文件，并为其设置“深蓝色午夜”颜色样式，生成的图形效果如图 12-52 所示。

步骤 02 在右侧的“和谐”列表框中选择“类似”选项，在下方单击天蓝色色块，表示为图形生成天蓝色的类似色，如图 12-53 所示。

步骤 03 放大预览企业标识图形的颜色，蓝色是一种冷色调，给人一种冷静、高贵的视觉感受，效果如图 12-54 所示。

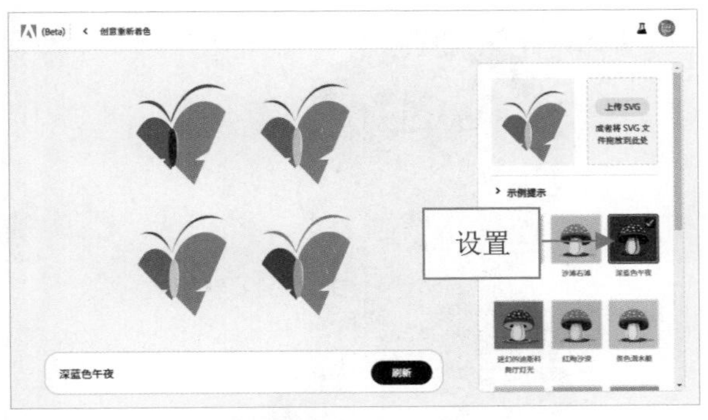

图 12-52 生成的图形效果

图 12-53 为图形生成天蓝色的类似色

图 12-54 放大预览企业标识图形的颜色

需要注意的是，蓝色的视觉感受因其不同的色调和饱和度而有所差异，视觉感受因个人的文化背景、经验和情感而有所不同，不同的人可能对蓝色产生不同的联想和情绪反应。

本章小结

本章主要介绍了矢量图形的多种着色技巧，首先介绍了使用示例提示进行矢量着色，然后介绍了设置和谐的矢量图形色彩，接下来介绍了为矢量图形指定固定色彩，最后通过 4 个典型案例结合前面所学知识详细讲解为矢量图形着色的方法，读者学完以后可以举一反三，为矢量图形创作出更多精彩的色彩与色调。

课后习题

鉴于本章知识的重要性，为了帮助读者更好地掌握所学知识，下面将通过上机习题，帮助读者进行简单的知识回顾和补充。

本习题需要掌握为矢量商品图形重新着色的方法，素材与效果对比如图 12-55 所示。

图 12-55　素材与效果对比

综合案例篇

第13章 实战案例：PS+Firefly绘画与修图

通过前面章节的学习，以及相关案例的操作，读者对 Photoshop 和 Firefly 应该有了很好的掌握，本章将通过一个房产广告综合实例，对 Photoshop 和 Firefly 的主要功能做一个总结，帮助读者将前面章节所学的内容进行融会贯通，以达到灵活运用、举一反三的目的。

13.1 / 使用Firefly生成多种房产广告图像

当我们手上没有任何素材的时候，如何能制作出吸引人的房产广告呢？首先需要使用Firefly生成多种房产广告的图像素材，本节将进行详细讲解。

13.1.1 用 Firefly 生成房产广告图

在Firefly中，通过输入相应的关键词，可以生成各种需要的房产广告素材图像，下面介绍具体操作方法。

步骤 01 进入Adobe Firefly（Beta）主页，在“文字生成图像”选项区单击“生成”按钮，如图13-1所示。

步骤 02 执行操作后，进入“文字生成图像”页面，输入相应关键词“有蓝天白云，有高楼大厦，有草坪，空气清新，环境优美”，如图13-2所示。

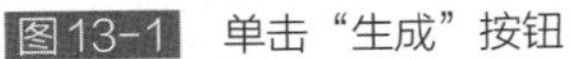
图13-1 单击“生成”按钮

图13-2 输入相应关键词

步骤 03 单击“生成”按钮，Firefly将根据关键词自动生成4张房产广告图片，如图13-3所示。

步骤 04 在右侧的“内容类型”选项区，单击“照片”按钮，单击第1张图片，预览大图效果，在图片右上角单击“下载”按钮，如图13-4所示。

图13-3　生成4张房产广告图片

图13-4　单击“下载”按钮

步骤05 执行操作后，即可下载图片，在Photoshop中使用移除工具将图片左下角的水印去除，效果如图13-5所示。

图13-5　去除水印后的图片效果

13.1.2　在图片中生成房产广告装饰对象

当房产广告的背景图片生成好以后，接下来可以在图片中生成房产广告的装饰对象，并对画面进行适当修复处理，具体操作步骤如下。

步骤01 进入Adobe Firefly（Beta）主页，在“创意填充”选项区单击“生成”按钮，如图13-6所示。

步骤02 执行操作后，进入“创意填充”页面，单击“上传图像”按钮，如图13-7所示。

图13-6　单击“生成”按钮

图13-7　单击“上传图像”按钮

步骤03 执行操作后，弹出“打开”对话框，选择上一例生成的房产广告图片，单击“打开”按钮，即可上传素材图片并进入“创意填充”编辑页面，如图13-8所示。

步骤04 在页面下方选取“添加”画笔工具，在图片中的适当位置进行涂抹，将图片右侧比较突兀的建筑涂抹掉，涂抹的区域呈透明状态显示，然后单击“生成”按钮，如图13-9所示。

步骤05 此时Firefly将对涂抹的区域进行绘图，工具栏中可以选择不同的图像效果，如选择第3个图像效果，单击“保留”按钮，如图13-10所示，即可应用生成的图像效果。

图 13-8　进入“创意填充”编辑页面

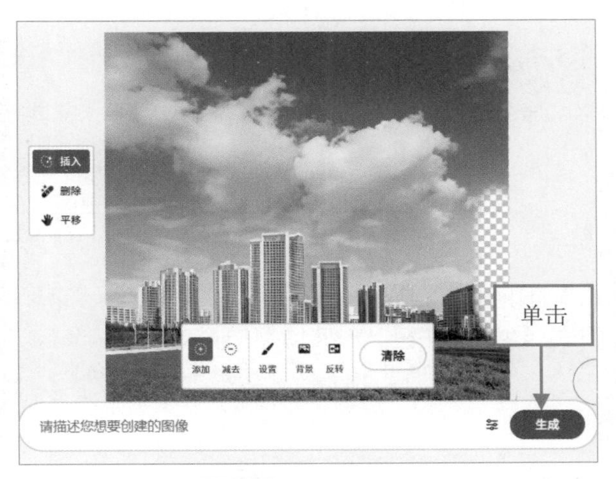

图 13-9　涂抹突兀区域

步骤 06 运用“添加”画笔工具，在图片下方的适当位置进行涂抹，然后在下方的关键词输入框中输入“一片湖”，单击“生成”按钮，如图 13-11 所示。

图 13-10　应用生成的图像效果

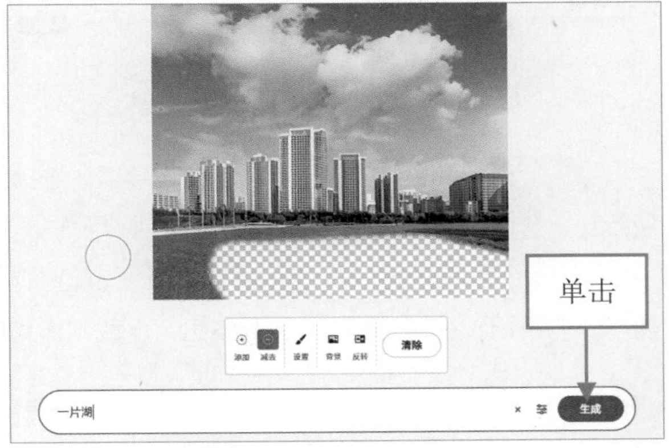

图 13-11　单击“生成”按钮

步骤 07 此时 Firefly 将对涂抹的区域进行绘图，在工具栏中选择第 3 个图像效果，单击“保留”按钮，如图 13-12 所示，即可应用生成的图像效果。

步骤 08 在页面右上角单击“下载”按钮，如图 13-13 所示，即可保存图像。

图 13-12　单击“保留”按钮

图 13-13　单击“下载”按钮

13.1.3 生成房产广告的文字效果

房产广告的背景图片制作完成后，接下来需要在Firefly中生成房产广告的文字效果，具体操作步骤如下。

步骤 01 进入Adobe Firefly（Beta）主页，在“文字效果”选项区单击“生成”按钮，如图13-14所示。

步骤 02 进入“文字效果”页面，在左侧输入文本“Excellence Bay”，在右侧输入“白色玻璃”，单击“生成”按钮，如图13-15所示。

图13-14 单击“生成”按钮（1）

图13-15 单击“生成”按钮（2）

步骤 03 在右侧的“匹配形状”选项区，选择“紧致”选项，即可应用文本的紧凑效果，如图13-16所示。

步骤 04 在右侧的“字体”选项区，选择“Cooper”选项，即可设置文字的字体效果，如图13-17所示，单击右上角的 按钮，下载制作完成的文字效果。

图13-16 应用文本的紧凑效果

图13-17 设置文字的字体效果

13.2 / 使用PS进行房产广告修图实战

在Firefly中生成相应的房产广告图片与文字效果后，接下来需要在Photoshop中对图片进行后期处理，如去除图片中的水印与污点、对房产图片进行扩展填充、进行调色与修复及制作文字广告效果等，使制作的房产广告更具有吸引力。

13.2.1 去除房产广告图片中的水印

通过Firefly生成的图片都会自动添加水印，用户可以在Photoshop中将水印去除，具体操作步骤如下。

步骤 01 在Photoshop工作界面中打开13.1.2小节制作完成的房产广告图片，如图13-18所示。

步骤 02 选取套索工具，在图像编辑窗口中的合适位置按住鼠标左键并拖曳，创建一个不规则的选区，如图13-19所示。

图13-18 打开图片素材

图13-19 创建一个不规则的选区

步骤 03 在工具栏中单击“创成式填充”按钮，然后单击“生成”按钮，如图13-20所示。

步骤 04 执行操作后，即可去除图片中的水印，效果如图13-21所示。

图13-20 单击“生成”按钮

图13-21 去除图片中的水印

13.2.2 对房产图片进行扩展填充

在Firefly中生成的房产图片，如果对图片的尺寸不满意，此时可以在Photoshop中调出需要的图片尺寸，然后对房产图片进行扩展填充，具体操作步骤如下。

步骤 01 在“图层”面板中，按【Ctrl+Shift+Alt+E】组合键，盖印图层，得到“图层2”图层，如图13-22所示。

步骤 02 选取裁剪工具，在工具属性栏中设置“比例”为“3:4”，拖曳图片四周的控制柄，调整图片的尺寸大小，如图13-23所示。

步骤 03 选取工具箱中的矩形选框工具，通过鼠标拖曳的方式，在图片上方创建一个矩形选区，在工具栏中单击“创成式填充”按钮，如图13-24所示。

图13-22 得到“图层2”图层

调整

图13-23 调整图片的尺寸大小

图13-24 单击“创成式填充”按钮

步骤 04 单击“生成”按钮，如图13-25所示。

步骤 05 在生成式图层的“属性”面板中，选择第2张图片，如图13-26所示。

步骤 06 执行操作后，即可改变画面中生成的图片效果，如图13-27所示。

图13-25 单击“生成”按钮

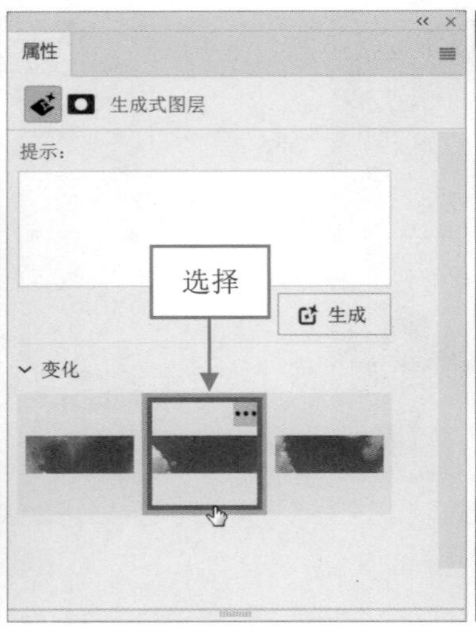

图13-26 选择第2张图片

图13-27 改变画面中生成的图片效果

13.2.3 对房产广告图片进行调色与修复

对图片进行相应处理后，接下来可以对房产广告图片进行调色处理，使画面颜色更具有视觉冲击力，还可以对房产广告图片的细节进行修复操作，具体操作步骤如下。

步骤 01 在“图层”面板中，按【Ctrl+Shift+Alt+E】组合键，盖印图层，得到“图层3”图层，如图13-28所示。

步骤 02 在菜单栏中，单击“滤镜”|“Camera Raw滤镜”命令，打开Camera Raw窗口，在右侧面板上方单击“自动”按钮，如图13-29所示。

图13-28 得到“图层3”图层

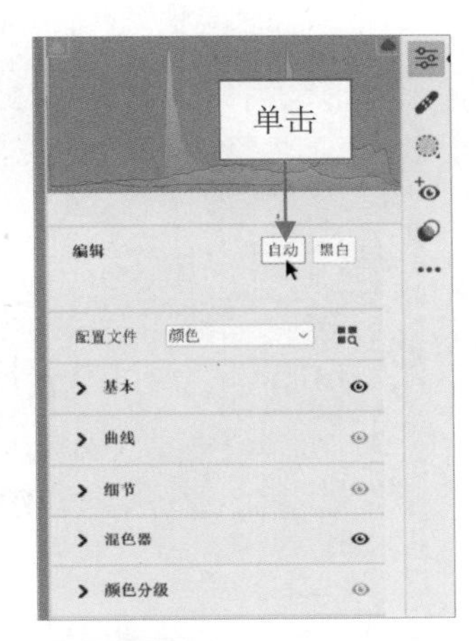

图13-29 单击“自动”按钮

步骤 03 执行操作后，即可自动调整图片的色调，展开“基本”选项区，在其中设置“清晰度”为“17”、“去除薄雾”为“9”、“自然饱和度”为“23”、“饱和度”为“4”，调整图片的清晰度与饱和度，使画面颜色更加亮丽，如图13-30所示。

图13-30 调整图片的清晰度与饱和度

在Photoshop菜单栏中的“图像”|“调整”菜单下，也有许多调色命令，单击相应的命令可以对房产广告的图片进行适当调色处理。

步骤 04 展开“细节”选项区，在其中设置“锐化”为“10”、“减少杂色”为“5”、“杂色深度减低”为“6”，修复画面的细节，如图13-31所示。

图13-31 修复画面的细节

步骤 05 图片处理完成后，单击“确定”按钮，返回Photoshop工作界面，查看调色后的图片效果，如图13-32所示。

步骤 06 使用移除工具在图片中的适当位置进行涂抹，对房产广告图片进行完善处理，使画面更加干净、美观，如图13-33所示。

图13-32 查看调色后的图片效果

图13-33 对图片进行完善处理

13.2.4 制作房产广告的文字效果

房产广告的图片处理完成后，接下来制作房产广告的文字效果，通过文字向客户传达相应的宣传信息，具体操作步骤如下。

步骤 01 在Photoshop工作界面中打开13.1.3小节制作完成的文字效果，去除左下角的水印，然后将文字效果复制粘贴至房产广告背景图片中，调整其大小与位置，如图13-34所示。

步骤 02 在菜单栏中，单击“图像”|“调整”|“亮度/对比度”命令，弹出“亮度/对比度”对话框，在其中设置“亮度”为“69”，如图13-35所示，单击“确定”按钮，将字体效果调亮一些。

图13-34 调整其大小与位置

图13-35 设置“亮度”为“69”

步骤 03 选取工具箱中的横排文字工具**T**，在图像编辑窗口中的适当位置输入相应文本内容，设置字体与字号大小等属性，效果如图13-36所示。

步骤 04 用上述同样的方法，在图像编辑窗口中的其他位置输入相应的文字广告内容，效果如图13-37所示，至此完成房产广告的制作。

图13-36 输入相应文本内容

图13-37 最终效果

本章小结

本章主要学习了房产广告的制作方法，首先通过Firefly生成房产广告图片、房产装饰对象、房产广告文字效果，然后在Photoshop中去除房产图片中的水印、对图片进行扩展填充、对图片进行调色与修复、制作房产广告文字效果等。通过本章案例的实操练习，读者可以将前面所学的知识融会贯通，制作出更多精美的平面广告图片。